方世明 李江风 ◎ 编著

DIZHI GONGYUAN GAILUN

地质公园概论

U0311137

中国地质大学出版社有限责任公司
ZHONGGUO DIZHI DAXUE CHUBANSHE YOUXIAN ZEREN GONGSI

图书在版编目(CIP)数据

地质公园概论 / 方世明,李江风编著. —武汉:中国地质大学出版社有限责任公司,2012.3
ISBN 978-7-5625-2801-2

Ⅰ.①地…
Ⅱ.①方…②李…
Ⅲ.①地质-国家公园-介绍-中国
Ⅳ.①S759.93

中国版本图书馆 CIP 数据核字(2012)第 027824 号

地质公园概论	方世明 李江风 编著
责任编辑:姜　梅	责任校对:戴　莹
出版发行:中国地质大学出版社有限责任公司 　　　　　(武汉市洪山区鲁磨路 388 号)	邮政编码:430074
电　　话:(027)67883511　　传　　真:(027)67883580	E-mail:cbb@cug.edu.cn
经　　销:全国新华书店	http://www.cugp.cug.edu.cn
开本:787毫米×1092毫米　1/16 版次:2012年7月第1版 印刷:湖北睿智印务有限公司	字数:269千字　　印张:10.5 印次:2012年7月第1次印刷 印数:1—1 500册
ISBN 978-7-5625-2801-2	定价:55.00元

如有印装质量问题请与印刷厂联系调换

目　录

第一章 什么是地质公园

第一节 地质公园概述

一、地质公园的概念

地质遗迹是地球46亿年演化过程中遗留下来的记录和自然遗产,地质遗迹及其所构成的地质环境,是地球的自然资源和自然环境的基础和极其重要的组成部分,对地球上生物的分布以及人类社会和文明都有深刻的影响。

许多重要的地质遗迹和地质景观往往代表了一个地区的地质历史、事件或演化过程,也是国家级乃至世界级风景旅游地的资源基础。1991年6月13日,在法国迪涅召开的"第一届国际地质遗产保护学术会议"上,来自30多个国家的100多位代表共同签发了《国际地球记录保护宣言》,该宣言指出,"地球的过去,其重要性决不亚于人类自身的历史,现在是保护我们的地质遗产的时候了。"

作为对《国际地球记录保护宣言》的响应,联合国教科文组织于1999年2月,正式提出了"创建具有独特地质特征的地质遗址全球网络,将重要地质环境作为各地区可持续发展战略不可分割的一部分予以保护"的地质公园计划,并创立了Geopark(geological park)——地质公园这一名称。联合国教科文组织的地质公园计划强调了要专门提高地质遗产的价值,该计划是对"世界遗产公约"和"人与生物圈计划"的一个重要补充。

"地质公园(Geopark)"是由国际教科文组织(UNESCO)在开发"地质公园计划"可行性研究中创立的新名称。国土资源部发(2000)77号文件给它下的定义是:"地质公园(Geopark)是以具有特殊的科学意义、稀有的自然属性、优雅的美学观赏价值、具有一定规模和分布范围的地质遗迹景观为主体,融合自然景观与人文景观并具有生态、历史和文化价值,以地质遗迹保护,支持当地经济、文化教育和环境的可持续发展为宗旨,为人们提供具有较高科学品位的观光游览、度假休闲、保健疗养、科学教育、文化娱乐的场所,同时也是地质遗迹景观和生态环境的重点保护区,地质研究与普及的基地。"

地质公园牵涉的面相当广泛,如果没有系统论思想,就难以实现有效的阐述和理解。地质公园作为一个开放复杂的整体,它是由地质系统、保护系统和旅游系统3个子系统构成。地质系统是指保护对象,包括地质遗迹景观(具有特殊的科学意义、稀有的自然属性和优雅的美学观赏价值)和生长、生活在地球上的动植物景观。保护系统是指保护地质遗迹的法律、法规和具体措施。旅游系统是开发系统,包括目的地系统、市场系统和服务系统三大次系统,其中目的地系统包括景观因子(自然资源、人文资源、主题公园和活动)、基础设施和购物娱乐设施;市场系统包括客源市场(本地市场、国内市场和国际市场)和产品市场;服务系统包括出行小系统(交通设施和旅行服务信息)和支持小系统(政策法规、旅游环境和人力资源)。

二、地质公园的种类

地质公园类型划分是一个有待研究的问题,按划分原则的不同可分为以下几种类型。

1)按等级划分。根据批准政府机构的级别可分为世界地质公园、国家地质公园、省级地质公园、县(市)级地质公园4个等级。

(1)世界地质公园(UNESCO Geopark):必须由联合国教科文组织批准和颁发证书;

(2)国家地质公园(National Geopark):必须由所在国中央政府(目前中国由国土资源部代表中央政府)批准和颁发证书;

(3)省级地质公园(State Geopark):必须由省级政府(目前中国由省国土资源厅、局代表省级政府)批准和颁发证书;

(4)县(市)级地质公园(County Geopark):必须由县(市)级政府批准和颁发证书。

2)按园区面积划分:可分为特大型、大型、中型、小型4类地质公园。

(1)特大型地质公园:园区面积大于100km²;

(2)大型地质公园:园区面积50~100km²;

(3)中型地质公园:园区面积10~50km²;

(4)小型地质公园:园区面积小于10km²。

3)根据国家地质公园所具有的自然观赏价值和科普修学价值的功能差异性、两者之间相对的优势性以及其他方面的价值特征,可对国家地质公园进行如下分类(后立胜,2003)。

(1)科普修学旅游价值主导型。该类国家地质公园是由于其所含地质遗迹在科学研究和科普教育方面的突出功能所决定的,是科普修学的旅游胜地。例如,四川自贡恐龙古生物化石产地国家地质公园中,有世界上最重要的恐龙化石遗址,有着重大的科学价值。再如,嵩山地质(含构造)剖面国家地质公园中,有5个地质历史时期的典型地层,是研究地球发展早期地壳演化过程的最佳场所和经典地区之一。来此地的旅游人员,除了专业科学研究工作者之外,游人中最主要的是科普修学旅游者和户外猎奇及收藏爱好者。因此,这类国家地质公园已成为普及地球科学知识的宝库,成为科普修学的旅游胜地。但该类型的国家地质公园与其他类型相比,规模相对要小。

(2)自然美欣赏旅游价值主导型。该类国家地质公园由其美丽的自然景观吸引了众多的游客,一般具有宏大的观感和气势,因此,该类地质公园的规模也较大。这种自然美虽然总是依附在各地质遗迹上,但主要表现为两种形式,它们或者是地质遗迹本身构造上的规模和气势美,如云南石林;或者因为地质内外营力所造就的雄峰峻岭、溶洞湖泊等地形地貌类地质遗迹成为植被衍生的内在"骨架",而植被等外在景观又和地形地貌互为一体,构成美丽的山水风景画卷,如张家界砂岩峰林等国家地质公园。可见,该类型的国家地质公园常和自然风景区密切相关。在国家公布的119个国家级风景名胜区中,许多风景名胜区和重要的地质遗迹密切相关,并以名山、名湖、河流峡谷、岩溶洞穴、瀑布泉水、海滨海岛等为主体命名。

(3) 多价值主导性不明显型。一些在科学价值和旅游审美功能上主导型均不是特别突出,或者还有其他方面功能的地质公园归为此类。该类型的国家地质公园有的是因为其主题内容附加了周边的自然(或人文)的景观,并相得益彰,而成为旅游吸引物,如漳州火山公园附加了海滨特色,增加了其旅游吸引力;还有一种情况,就是一些以湖泊、温泉、矿泉和瀑布等为特点的地质公园,由于这种类型的地质遗迹不易被破坏,因此,常被利用来发展医疗保健、康体及娱乐等活动,例如,黑龙江五大连池火山国家地质公园就被作为休闲康疗的胜地。

(4)按园区主要地质地貌景观资源类型划分。地质地貌景观简称"地景"(geolandscape),是一种极重要的自然资源,也是十分重要的旅游资源,更是地质公园的主要景观内容。陈安泽先生根据地景资源在地球圈层中所处的位置和形成因素把地景分为18种类型,同时还更进一步把地景分为4个大类及16类、53个亚类及更多的类型。它们基本上概括了地质公园的各种类型(陈安泽,2003)。

三、地质公园的特点

在国家地质公园的建设中,保护无疑是其首要任务;而旅游开发也必将成为其中的重要组成部分。作为广义性公园的一种,地质公园与相应级别自然保护区、森林公园、风景名胜区等自然性质的园(区)相比,有着诸多共同之处及其自身的特性;比较和认识它们之间的特性(表1-1),有助于更好地把握地质公园的特性,以更好地对之进行旅游开发。

表1-1 国家地质公园、自然保护区、森林公园、风景名胜区特点对比(后立胜,2003)

园区类别	地质公园	自然保护区	森林公园	风景名胜区
主体内容	地质遗迹	特定的自然与生物生态系统	森林	人文与自然景观
景观特色	典型地质地貌现象、地质灾害、典型矿物、重要古生物化石产地等自然景观	国家珍贵的物种资源和生态系统,比较典型的自然景观	森林植被自然景观为主	人文景观为主、或人文景观与自然景观共存
主要功能	地质遗迹的保护与利用	保护各种类型的自然景观地带、自然生态系统和生物多样性,以及保存生物遗传基因	森林保护、休闲康疗、生态科普	自然景观、人文景观的观赏游览
旅游吸引物及旅游地特点	雄浑的地貌形迹、漫长而珍贵的地质遗存;以科研价值和科普旅游为主导;属高层次高品位的旅游地	区域内生物和自然遗迹的珍稀性、整体性和多样性;以科学研究为主,核心区要加强保护	秀丽的风景,宜人的气候环境;属比较典型的休闲、生态旅游地	著名的人文景观与自然的融合物;为具典型性和传统性的户外旅游地
开发与保护主次	保护为主,适度开发	重点保护,限量开发,特殊性保护区不作为旅游开发地	珍稀树种和重要林区保护为主,其他以开发为主	做好保护工作,以开发为主
主要管理部门	国土资源部	国家环保总局、林业部等	林业部	建设部
相互关系	作为地质公园,也会有森林和植被覆盖,自然保护区中,也包括地质遗迹和森林类型;而风景名胜区和森林公园则离不开地质地貌的骨架和特点。因此,它们之间在内容上存在交叉和重叠,只是各自突出了主体内容。			

从上表可以看出,地质公园与其他类型的园区虽有相似性,但也有自身的特点,具体表现在如下几个方面。

(1)主题的既定性。地质公园首先是具有某种特殊的地质遗迹景观的地理区域,并以此为展示的主题;地质公园内的所有的项目设计、旅游活动策划、旅游线路设计均应围绕这一既定的主题,通过对主题形象的塑造和氛围的营造,让游客参与其中并得到特殊的感受。

(2)目标市场的层次性。首先,不同的地质公园由于不同的主题,具有了明显不同的市场形象和对旅游者的感召力,并由此产生了不同的客源市场结构层次;其次,不同的地质公园是通过不同的技术手段、展示方式和资金投入来实现的,这其中必会产生质量和成本的差异,市场对此也会作出相应的反应;第三,由于游客的不同的文化背景、经济实力和兴趣爱好,对同一个地质公园所作出的反应也会有很大差异,这种差异反映到市场中也会形成层次性。目标市场的层次性决定了地质公园的市场策略组合和营销行为的多元化。

(3)空间布局的特殊性。地质公园建立的目的是保护地质遗迹景观,因此其首要功能是保护,同是又由于兼有游憩、科普、娱乐等功能,这就决定了其空间结构的复杂性。地质公园根据其自身的特点,可以分为特殊自然景观区、生态保护区、历史文化区、旅游接待区、游览及教育解说区、文化娱乐区和一般控制区等。通过功能分区,可以处理好公园的保护与开发的关系,保护地质公园的大部分地质景观、土地和生物资源处于自然状态,把人类活动的影响限制在最小范围内。

第二节　地质公园特征及空间结构

一、地质公园特征

由联合国教科文组织支持的地质公园具有以下特征[1]。

(1)地质公园是一个有明确的边界线并且有足够大的使其可为当地经济发展服务的表面面积的地区。它是由一系列具有特殊科学意义、稀有性和美学价值的,能够代表某一地区的地质历史、地质事件和地质作用的地质遗迹(不论其规模大小)或者拼合成一体的多个地质遗迹所组成,它也许不只具有地质意义,还可能具有考古、生态学、历史或文化价值。

(2)这些遗迹彼此有联系并受到正式的公园式管理的保护;地质公园由为区域性社会经济的可持续发展采用自身政策的指定机构来实施管理。在考虑环境的情况下,地质公园应通过开辟新的税收来源,刺激具有创新能力的地方企业、小型商业、家庭手工业的兴建,并创造新的就业机会(如地质旅游业、地质产品)。它应为当地居民提供收入补充,并且吸引私人资金。

(3)地质公园将支持在文化和环境上可持续的社会经济发展。它对其所在地区有着直接影响,因为它可以改善当地人们的生活条件和农村环境,加强当地居民对其居住区的认同感,促进文化的复兴。

(4)地质公园将探索和验证地质遗产的各种保护方法(例如具代表性的岩石、矿产资源、

---

[1]联合国教科文组织地学部编,国家地质公园领导小组办公室、国家地质公园评审委员会办公室翻译,《世界地质公园网络工作指南》,2002年4月。

矿物、化石和地形的保护)。在国家法规或规章的框架内,由联合国教科文组织支持的地质公园须为保护重要的、能提供地球科学各学科信息的地质景观作出贡献。这些学科包括:综合固体地质学、经济地质和矿业、工程地质学、地貌学、沉积学、土壤科学、地层学、构造地质学和火山学。地质公园的管理部门须征求各自权威地学机构的意见,采取充分措施,有效地保护遗迹或园区,必要时还要提供资金进行现场维修。

(5)地质公园可用作教学的工具,进行与地学各学科、更广泛的环境问题和可持续发展有关的环境教育、培训和研究。它须制订大众化环境教育计划和科学研究计划,计划中要确定好目标群体(中小学、大学、广大公众等)、活动内容及后勤支持。

(6)由联合国教科文组织支持的地质公园始终处于其所在国家独立司法权的管辖之下。其所在国负责决定如何依照其本国法律或法规管理特定遗址或公园区域。

(7)被指定负责特定地质公园管理的机构须提供详尽的管理规划,该规划至少要包括下列内容:地质公园本身的全球对比分析、地质公园属地的特征分析、当地经济发展潜力的分析。

(8)对于由联合国教科文组织支持的地质公园的属地,须作好各项组织安排,这种组织安排涉及到行政管理机构、地方各阶层、私人利益集团、地质公园设计与管理的科研和教育机构、属地区域经济发展计划和开发活动。与这些团体的合作,可以促进协商,鼓励在该属地利益相关的不同集团之间建立合作关系,以调动地方政府和当地居民的积极性。

(9)负责管理地质公园的机构,应对被指定为联合国教科文组织支持的地质公园的属地进行适当的宣传和推介,应使联合国教科文组织定期了解地质公园的最新进展情况。

(10)如果地质公园属地与世界遗产名录已列入的地区、或者已作为"人与生物圈"的生物圈保护区进行过登记的某个地区相同或重叠,那么在提交申请报告之前,须先获得有关机构对此项活动的许可。

二、地质公园空间层次结构

地质公园从本质上来讲是一个地理区域系统,该系统的主要目的是保护珍贵的地质遗迹景观及其地理地质环境和生物多样性,使其自然演化最小地受到人类的干扰。地质公园具有如下内涵。

(1)地质公园是一个地理区域系统,不仅包括地质遗迹景观,还包括了地质遗迹景观所依托的地理环境系统,必须尊重这里的生态、地质、地貌和美学实体。

(2)强调了建立地质公园的目的,特别突出了它的保护功能,以增强保护生态环境,重视地球价值的公众意识,提高人类对地壳极其合理的认识和能力,尽力维护人类与地球的平衡关系。

(3)地质公园同时兼有旅游、科普教育等功能。地质遗迹的保护与地方经济的发展紧密结合,地质公园的开发与公众教育相结合,地质遗迹的保护与地质科研相结合。

(4)地质公园应受到国家法规和管理条例的保护以及国家授权的管理机构的管理,在地质公园内的任何开发和游览行为必须得到允许。

地质公园从空间层次上可分为五级空间,分别为公园、景区、功能区、景群和景点等,如图1-1所示[2]。

---

[2]国土资源部地质环境司,《中国国家地质公园建设技术要求和工作指南(试行)》,2002年12月。

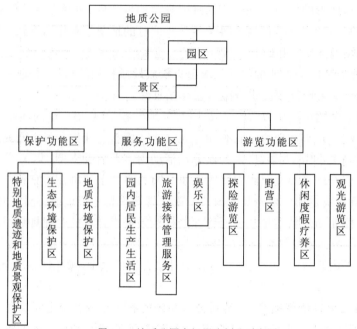

图1-1 地质公园空间层次划分示意图

其中,公园为一级空间,是经国家正式批准的地质公园的范围空间。

园区为副一级空间,是地质公园内由不同的县级及县级以上行政区管辖的空间。如四川龙门山构造地质国家地质公园,因地跨3个县级市——成都市的彭州市、德阳市的什邡市、绵竹市,而被分为彭州、什邡和绵竹3个园区。

景区为二级空间,是地质公园或园区内,按地质景观群和其他配套景观的类型与组合特征,并参考地形地貌的自然分区、交通连通状况及县以下行政区的区划,而划分的相对独立的区域。例如河南云台山世界地质公园的云台山、神农山、青天河和青龙峡等景区。

功能区为三级空间,是景区内按使用功能划分的相对独立的区域,目前主要分为保护区、游览区和服务区等三大类。

景群为四级空间,由若干相关的地质景点及其他景点构成的景点群落或群体。例如在远视或宏观尺度上作为观赏对象的山峰群、峡谷段等。例如北京延庆硅化木国家地质公园的小昆仑山。

景点(物)为五级空间,可以作为旅游观光吸引物存在的地质景观物个体或若干相互关联的景物组合,是景区构景的基本单元,是具有相对独立的地质作用特征及审美的基本境域单位。例如河南云台山世界地质公园的天瀑景点。

第三节 地质公园系统

地质公园作为一个特殊的地理区域系统,具有保护对象与非保护对象、社会与自然、保护与开发、陆地与大气等复杂的矛盾,因此,地质公园系统是一个开放、复杂的系统,其概念模型如图1-2所示。

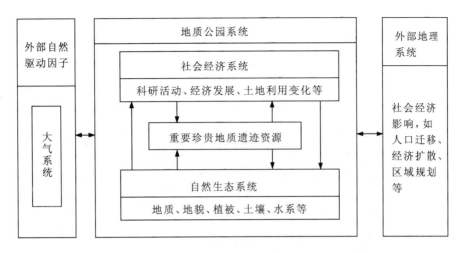

图1-2 地质公园系统概念模型

由图1-2可以清楚地看出,地质公园系统的各个组成部分之间及其与外部的相关因子之间时刻进行着物质、能量和信息的交换,维持着地质公园系统动态平衡和稳定。深入分析研究系统的物流、能流和信息流是全面了解地质公园的需要,并在此基础上找出有关规律和各因子间的动态相关性,提示地质公园系统发展变化的内在规律,为建立地质公园信息系统、进行空间决策分析和生态环境评价提供可靠的科学依据。

建立地质公园计划有3个主要目的:保护地质遗迹资源、促进科普教育和为当地社会经济可持续发展作贡献。因此,旅游功能对于地质公园来说是一个十分重要的内容,同时也是我国纷纷建立地质公园的动力。从系统理论角度来考虑,地质公园的旅游活动实际上是一个系统。

吴必虎等把旅游活动视为一个开放的复杂系统,该系统的特征的把握及其在旅游开发、规划、经营、管理中的应用,就是旅游科学的核心任务(吴必虎,2001)。依此可将地质公园旅游系统构架划分为4个部分,即客源市场系统、出行系统、目的地系统和支持系统(如图1-3所示)。

客源市场系统主要是指位于游憩活动谱上各段落的休闲者和旅游者及其活动等因素构成的一个子系统。以客源市场与目的地之间的距离或旅游者参与的游憩活动类型等为指标,可以将客源市场划分为日常游憩及一日游的当地客源、参与一日游及过夜游的国内客源(不包括当地居民)以及一般属于过夜游或度假游的国际客源。在学术研究中,客源市场的调查、分析、流量(需求)预测、滞留期、人均日消费、旅游毛收入预测以及收益乘数及就业机会数预测等,构成市场规划研究的主要内容。随着我国目前旅游产品开发强度的加强,旅游目的地之间的竞争愈来愈强烈,形成了旅游者的买方市场,因此市场系统的研究在规划中占有越来越重要的作用。政府主管部门和一般旅游企业对市场意义的意识也逐渐增强了。

出行系统刻画了保证或促使旅游者离家出行、前往目的地的几个基本控制性因素,其中包括运移游客的交通设施(公路、铁路、水上航线、空中航线、缆车、索道、游径及乘坐设施等);主要由旅行社提供的旅游咨询、旅行预定和旅行服务等;由政府、旅游目的地或旅游销售商向旅游者提供的信息服务以及旅游目的地策划和主办的意在激发潜在游客出行动机的旅游宣传、营销等子系统。

目的地系统主要是指为已经到达出行终点的游客提供游览、娱乐、食宿、购物、享受、体验

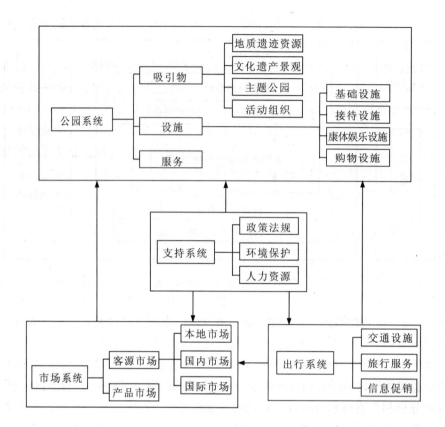

图1-3　地质公园旅游系统结构

或某些特殊服务等旅游需求的多种因素的综合体。具体地讲，目的地系统由吸引物、设施和服务3个方面要素组成。吸引物是在旅游资源的基础上经过一定程度的开发形成的，一般包括景观系统和旅游节事两个部分，因此，有时可以将吸引物系统近似地理解为旅游资源系统。景观系统一般可以分为原赋景观（一般包括自然遗产景观和文化遗产景观）和人工景观（主要有游乐场所、主题公园、现代城市休闲设施等）两种类型。旅游节事是指围绕某一事件如啤酒节、桃花节等组织的，意在吸引旅游者前往观看、参与的活动。设施子系统包括除交通设施以外的基础设施（给排水、供电、废物处置、通讯及部分社会设施）、接待设施（宾馆、餐饮）、康体娱乐设施（运动设施、娱乐设施等）和购物设施等4个部分。设施系统和前述吸引物系统往往构成旅游资源学、旅游规划、园林设计、饭店管理等学科的主要研究对象。

　　上述客源市场系统、出行系统和公园系统共同组成一个结构紧密的内部系统，其外围还形成一个由政策、制度、环境、人才、社区等因素组成的支持系统。在这一子系统中政府处于特别重要的位置，此外教育机构也担负着非常重要的责任。支持系统不能独立存在，而是依附于其他3个子系统，并对3个子系统同时或分别发生重要作用。

　　支持系统应成为地质公园旅游规划中一个重要的组成部分，缺乏一个政策保障、人才教育和培训等支持的旅游系统，将会导致旅游发展的影响恶化、资源损毁、服务质量低下、经济衰退等不良后果。实际上，从某个角度而言，旅游发展战略的制定及其实施本身，就可看成是某种形式的旅游健康发展的政策支持,即旅游发展战略编制行为本身也是旅游系统的一个组成部分,是旅游业可持续发展的必要保障。

就地质公园旅游系统规划自身的特点来看,其"系统"意义包括3个方面的涵义,即规划对象的系统性(即旅游系统)、规划类型本身的系统性和规划的系统方法。与系统理论的基本内涵相对应,旅游系统规划也有其基本特性,即整体性、协调性、可控性、层次性等(刘锋,1997)。旅游系统分析就是把旅游从发生到结束的整个过程作为一个系统来研究,把旅游系统当作相互依存的变量来分析,按照确定的目标,寻求实现目标的手段,以便在非常复杂的相互作用中,选择一种能够消耗较少费用取得较大综合效应的方案的方法。其主要内容是:①阐述系统的目标;②调查系统的环境;③了解系统的资源;④研究系统的要素;⑤实行系统的管理。在区域旅游规划工作中,系统分析方法是十分重要的。

旅游系统规划必须考虑整个系统的运行,从旅游系统的全局和整体出发,着眼于规划对象的综合的整体优化,而不是从局部和单个要素出发,也不只关系系统各组成部分的工作状态,这也要比某些部门、企事业单位各自为政地去利用旅游业的发展良机和旅游资源方面的优势重要得多。旅游系统规划还必须从发展旅游的战略和战术出发,克服从单一目标出发、从单一因子考虑问题的弊端,正确处理旅游系统的复杂的结构,从发展和立体的视角来考虑和处理问题。

旅游系统规划根据系统中各部分的相互联系、相互依赖、相互作用、相互影响的关系,认为旅游开发必然要采用多学科的综合研究方法,旅游系统规划也应是一门综合性极强的应用领域,所以旅游规划工作必须联合旅游、地理、经济、市场、营销、企业管理、教育、金融、统计、交通、生态、环境保护、历史、文物、社会、园林、建筑、医疗卫生、文化等各方面的专家学者和实务工作者一道参与,加强多学科和跨学科的综合研究合作。在分析和规划时要注意各组成部分之间的关联性和协调性,以及系统内外之间的联系。充分注意各元素、各子系统之间的关系,注意各子系统、各元素与整体的关系,以及整体与各元素和子系统的关系。对旅游系统的任何一个具体方面进行规划,都必须同时考虑其他方面,只有这样,才能达到旅游系统的动态平衡,达到经济效益、社会效益、生态效益三者的最佳组合状态。

第四节　国家地质公园申报流程与规范[3]

一、国家地质公园申报

1.申报条件

拟申报国家地质公园内的地质遗迹必须具有国家级代表性,在全国乃至国际上具有独特的科学价值、普及教育价值和美学观赏价值。

(1)地质遗迹资源具有典型性。能为一个大区域乃至全球地质演化过程中的某一重大地质历史事件或演化阶段提供重要地质证据的地质遗迹;具有国际或国内大区域地层(构造)对比意义的典型剖面、化石产地及具有国际或国内典型地学意义的地质地貌景观或现象;国内

---

[3]国土资源部办公厅《关于加强国家地质公园申报审批工作的通知》(国土资厅发〔2009〕50号)。

乃至国际罕见的地质遗迹。

（2）遗迹资源具有一定数量、规模和科普教育价值，其中达到典型性要求的国家级地质遗迹不少于3处，可用于科普和教育实习用的地质遗迹不少于20处。

（3）遗迹具有重要美学观赏价值，对广大游客有较强的吸引力，公园建成后能够带动当地旅游产业，促进地方社会经济可持续发展。

（4）遗迹已得到有效的保护，正在进行或规划进行的与当地社会经济发展相关的大型交通、水利、采矿等工程不会对地质遗迹造成破坏。

（5）已批准建立省（区、市）级地质公园2年以上并已揭碑开园。

（6）符合上述前4条标准，由国家有关主管部门批准的国家级风景名胜区、国家级自然保护区、国家森林公园等。

2.申报单位

拟申报国家地质公园的，由公园所在地县（市、区）人民政府提出申请；跨县（市、区）的由同属市（地、州）人民政府提出申请；跨市（地、州）的由同属省（区、市）人民政府提出申请；跨省（区、市）的由相关省（区、市）人民政府共同提出申请。

3.省级推荐

省（区、市）国土资源行政主管部门负责对本辖区拟申报国家地质公园的单位进行初审，确定推荐名单并按照规定向国土资源部报送申报材料。

每个省（区、市）每次推荐原则上不能超过2个国家地质公园候选地。

4.申报时间

国家地质公园采取定期申报的方式，原则上每2年申报一次，具体时间以国土资源部公告为准。

5.申报材料

申报国家地质公园须提交如下材料。

（1）地质公园申报书；

（2）地质公园综合考察报告；

（3）地质公园申报画册；

（4）地质公园申报影视片；

（5）提出申请的县级以上人民政府承诺书；

（6）省级国土资源行政主管部门推荐意见。

6.合规性审查

国土资源部地质环境司负责对申报材料等进行合规性审查，符合申报条件的提交评审委员会进入评审程序，不符合条件或申报超过数量的退回。

二、国家地质公园审批

国家地质公园审批分为评审、建设、批准3个阶段。

1.评审阶段

国家地质公园评审由国家地质遗迹保护（地质公园）评审委员会（以下简称"评审委员会"）组织进行。

评审委员会成员通过审阅申报材料、观看申报影视片、听取申报单位陈述及公园所在地政府负责人承诺发言,对每个申报公园记名打分,并提出"同意申报为国家地质公园"或"不同意成为国家地质公园"的评审意见。评审委员会根据得分结果提出拟授予国家地质公园资格名单(按得分排序),并向国家地质遗迹保护(地质公园)领导小组(简称"领导小组")提交评审报告。

领导小组召开会议对评审委员会提交的评审报告进行审核,最终作出授予国家地质公园资格的决定。

2.建设阶段

在取得国家地质公园资格后3年内,地质公园应编制《国家地质公园总体规划》,并按《中国国家地质公园建设工作指南》和规划要求,按期完成地质公园的建设。

对未按期建成的单位,取消国家地质公园资格。

跨县(市、区)的国家地质公园应建立由同属市(地、州)人民政府批准的统一管理机构;跨市(地、州)的国家地质公园应建立由同属省(区、市)人民政府批准的统一管理机构;跨省(区、市)的国家地质公园应建立省际联系机构。

3.批准阶段

(1)地质公园建设完成后,由省(区、市)国土资源行政主管部门组织专家进行实地审查验收,达标后向国土资源部提出批复申请;国土资源部接到申请后委派专家组进行实地复核,并根据专家组考察意见决定是否正式授予国家地质公园称号。

(2)申请批复国家地质公园时应提交以下材料:①国家地质公园建设工作报告;②国家地质公园总体规划;③省级国土资源行政主管部门审查验收意见。

(3)公园所在地人民政府负责举行地质公园揭碑开园仪式。

第五节 地质公园建设内容

一、地质公园建设目的

地质公园可以提供人们追求的健康、美丽以及充满知识的环境,这使它具备了健康的、精神的、科学的、教育的、游憩的、环保的以及经济的等多方面的价值,因而也具备了以下功能。

1.保护地质遗迹

地质遗迹景观是地壳演化的产物或地质事件的原始记录,有着独特的形成背景、特点,具有观赏、科研、探奇、教育等功能。这些地质遗迹与人类活动相结合,将产生巨大的经济、文化和社会价值。由于地质遗迹的不可再生性,保护地质遗迹是我们对地球和子孙后代的责任和义务。因此,建立地质公园是保护地质遗迹的重要手段之一。

2.保护生物多样性

自然生态体系中的每一物种,都是长年演化的产物,其形成需上万年的时间。设立地质公园有利于保护大自然物种,提供基因库,并以此供子孙后代使用。

3.提供人们游憩,繁荣地方经济

随着社会的进步,人们对于户外游憩的需求与日俱增,渴望重归自然。具有优美自然环境的地质公园无疑是现代都市生活最高品质的游憩场所。地质公园通过产业链的关联性,形成营业收入、居民收入、就业、投资等的乘数效应,对地方社会、经济、文化产生明显的影响。

4.促进学术研究和国民教育

地质公园内的地质、地貌、气候、土壤、生物、水文等自然资源未经人类的干扰,对于研究地质和自然科学的人们,是极好的地质博物馆和自然博物馆。同时还可利用地质公园研究地球的演化、生物进化、生态体系、生物群落等,并为地质公园和生态环境的保护提供理论和技术支持。地质公园还能通过游客中心、博物馆、研究站、解说牌和一些产品项目等,在室内或野外进行地质遗迹介绍,提供科普的机会,从而提高人们的科学素养。

二、地质公园建设的主要内容

地质公园一旦批准建立,就要着手进行开园建设,具体建设内容主要包括如下6个方面。

1.地质公园的标示说明系统

地质公园的标示说明系统,是一个面向游客的信息传递服务系统,它是使地质公园的教育功能、使用功能、服务功能得以充分发挥的基础,是地质公园作为一个适应社会需求的旅游目的地和天然科学博物馆的不可缺少的基本构件。

建立一个完善的、规范的、科学的、美观的标示说明系统,可以实现游客与管理者和景观环境之间的交流,引发并满足游客的好奇和兴趣,为游客提供方便、准确、周到的信息服务,宣传推介地质景观旅游产品。

1)标示说明系统的分类

从功能上区分,地质公园的标示说明系统包括以下内容。

(1)交通引导标示说明——交通引导牌;

(2)景观标示说明——标志碑、区域说明牌、景观说明牌;

(3)界域标示说明——界域标示碑;

(4)管理标示说明——环保、安全、求助、服务设施的提示说明牌;

(5)综合标示说明——综合说明栏。

2)标示说明的语种

中文和英文是国家地质公园标示说明系统的基本语种,国家地质公园标示说明系统中的所有文字,都必须用中文和英文两种形式表达。

国家地质公园标示说明系统中的中文文字,必须使用国家正式批准的汉字简化字。

鼓励公园根据客源市场的需要和当地民族文化的实际情况,加上日语以及其他外语或当地少数民族语种的说明文字。

3)交通引导牌

在进入公园的主要交通线上,以及公园内通往各个景区、游览区、景点的旅游线上,特别是道路分岔点上,都必须设立交通引导牌。在各个空间层次的交通引导牌上,都必须注明相应的旅游目的地的正式名称和里程,并尽量配以相应的标识图案或代表性图片,对旅游目的地给予形象生动的提示。

4)标志碑

标志碑是地质公园主体形象的标识,在地质公园的入口处必须设立标志碑。在地质公园内由不同行政管辖的园区主要入口处也必须设立标志碑。

标志碑可以根据公园的环境和主题特点,选用碑、门坊、阙、艺术雕塑等不同的表现形式,应充分注意与地质公园的科学内涵和自然环境和谐一致。

标志碑的正面必须用中文标明经国家批准的国家地质公园的正式名称;标志碑上必须用英文标明国家地质公园的正式名称;标志碑或标志碑旁的说明牌上必须有对国家地质公园基本情况的中英文简要说明,包括批准单位和被批准的日期。

5)界域标示牌

主要是对公园、园区以及保护(功能)区界域的标示,文字说明中应有公园、园区以及保护(功能)区的名称,以及对于保护要求的简要提示。

6)区域说明牌

在公园、园区、景区、(保护、游览、服务)功能区的入口处,都应设立说明牌。区域说明牌都应包括两种形式,即介绍该区域的文字说明和相关的图示。

7)景观说明牌

景观说明牌的文字说明应包括以下内容:公园、园区、景区、景群或景点(物)的名称;地质景观的类型名称;景群、景点(物)的基本科学数据和描述;景群、景点所在的海拔高度或海拔范围;景群、景点(物)成因的科学解释与说明;景群、景点(物)的其他说明。

景观说明牌的图示说明应包括:地质景观类型的标徽;景群或景点在游览区或景区中的位置示意图;周边最近的景观及相距里程;对景观进行解说的示意图、素描图、照片;典型地质剖面、古生物等需要注明地质年代的景观点,说明牌上应附上地质年代表,并用色块在表中清楚地标明该点地质剖面或古生物化石的地质年代。

8)管理说明牌

管理说明牌是对景区内有关管理和服务事宜的提示,它主要包括以下类型。

(1)环境保护提示。例如:不破坏地质遗迹和地质景观;爱护动植物;不随意抛弃废物、禁止吸烟、禁止用火等。

(2)安全提示。例如:在悬崖、陡坡、竖洞、裂缝、滨岸等危险地带谨防滑坠;注意崩塌、飞石等;不要在地质灾害危险地段停留;行人注意避让车辆等。

(3)求助提示。例如:遇险、迷路、受伤、遭袭、急病等状况下的呼救方式和途径。

(4)服务设施提示。例如:购物、餐饮、厕所、医疗、治安、停车场、加油站等。

管理说明牌的文字语气和表达方式应该平等、友善、生动、有趣,避免使用命令的、强制的、冷酷的或带有侮辱性的提示语言。

9)综合说明栏

综合说明栏是对公园、园区、景区、功能区、景群、景点的情况,以及其他信息进行介绍的多个说明牌的组合体。利用综合说明栏,可以对旅游区域或具体景观的有关情况进行综合性的或展开式的解说,以满足游客深入了解有关信息的需要。综合说明栏是对上述各类说明牌的一个重要补充。

在公园或园区、景区、游览区的入口处,以及重要的景群、景点处,都可以设立综合说明栏。

10)建立国家地质公园标示说明系统的数据库

国家地质公园都应建立标示说明系统的空间数据库,即包括各类标示说明碑、牌、栏的数字化点位分布图和相对应的标示说明牌属性数据库,并作为国家地质公园地理信息系统的一部分,以便于标示说明系统的维护、管理与更新。

2.地质博物馆建设

国家地质公园都应建立地质博物馆,以作为向游客全面介绍公园地质景观特色以及传播地球科学知识的场所。

地质公园的地质博物馆,是利用图片、文字、模型、实物、影视等多媒体形式,向游客全面介绍公园的地质景观和其他景观、自然和社会环境以及发展历史,进行科学知识和环保意识的宣传,并提供旅游信息的场所。

地质公园的地质博物馆应当免费向游客提供参观。

地质博物馆内陈列的内容应当包括:公园地理和社会环境概况、公园内主要地质遗迹和地质景观的介绍;主要地质景观的科学知识背景和成因;公园所在区域的地质演化历史;公园的地学发现史、科学研究史及主要的研究成果;国家地质公园的保护、建设与发展,公园的物种和人文景观。

一个完善的国家地质公园的地质博物馆,应该包括:公园的全景立体模型;公园的系列地学图件,如地质图、遥感图片、地质景观分布及游览路线图、总体规划图等;主要地质景观的图片及文字说明;介绍主要地质景观成因的模型、示意图或三维动画演示;重要的地质标本;公园所在区域地学研究的科学文献及相关出版物;向游客播放或提供交互式查看的影像显示设备和场所;向游客免费提供的宣传资料。

如在云台山世界地质公园博物馆设计规划中,为了突出云台山世界地质公园的特色,根据国家地质公园博物馆建设的要求规范,将整个博物馆整体布局划分为展示厅、管理中心、信息中心和服务中心等4个部分,具体结构如图1-4所示。

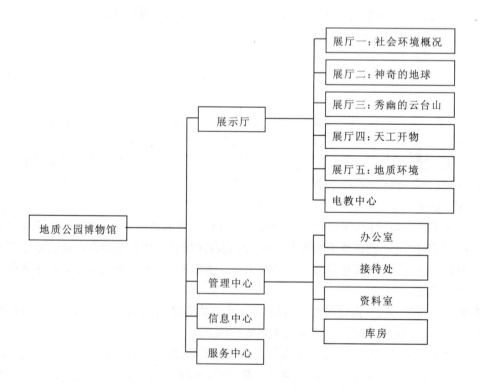

图1-4　云台山世界地质公园博物馆规划布局结构图

3.地质公园的宣传及导游出版物建设

地质公园的宣传及导游出版物主要包括：光盘、宣传页及导游图、导游手册、地质公园丛书、地质公园画册等。它们是国家地质公园必须向游客和导游提供的基本出版物。

地质公园的宣传及导游出版物既是宣传国家地质公园、传播科学知识和旅游信息的重要载体，也是向游客提供的重要旅游购物产品，它是国家地质公园科学文化建设的重要工程。

1）地质公园的光盘

地质公园的光盘应当包括以下内容：公园所在区域的宏观地学环境图像资料及说明；公园内主要地质景观的图像资料及说明；用二维和三维动画表现的主要地质景观的科学知识背景和成因；用模拟的动画表现公园所在区域的地质演化历史；公园的地学发现史、研究史及主要研究成果的图像记录；国家地质公园的保护、建设与发展的影像资料。

光盘应委托有关的专业单位编辑制作，以提高其科学和艺术质量。

光盘可以根据需要制成VCD、DVD、CD-ROM等不同形式。

2）地质公园的宣传页和导游图

国家地质公园应当编辑出版具有地学特色，富有科学趣味，表现形式生动新颖的宣传页及导游图。

宣传页应以简明扼要、生动活泼的形式，向游客介绍地质公园的概况。地质公园应该有向游客免费发送的宣传页。

导游图的地理底图应充分利用遥感资料、数字高程模拟资料等，来表现公园三维空间的地形地貌特征，使游客通过导游图对公园空间结构的认识更为直观生动。

导游图应在对地质景观的描述、对地质景观成因的说明、对地质景观的科学与美学价值的介绍等方面，充分体现国家地质公园的特点。

3）地质公园的导游手册

地质公园的导游手册主要是为了满足对地质景观的科学解说而编写。

地质公园的导游手册主要提供给导游进行培训和解说时参考使用，同时也作为公开出版物提供给游客购买使用。

地质公园的导游手册应按照景区、景点、游览观光及考察路线，对公园主要的地质科学特色、各景观的科学内容和成因等，提供通俗易懂、引人入胜的介绍与说明。

4）中国国家地质公园丛书

为了全面、系统、科学、生动地向国内外广大游客介绍中国的国家地质公园，由国土资源部组织，委托有关出版社编辑出版《中国国家地质公园丛书》。该丛书以各个国家地质公园为单位，分批推出。

该丛书应以文图并茂、生动有趣的形式，反映国家地质公园的主要地质景观特色、科学知识背景和成因，公园所在区域的地质演化历史，公园的地学发现史、研究史及主要的研究成果，公园的保护、建设与发展，以及丰富实用的公园旅游信息。

该丛书应充分体现实用性、收藏性、资料性、科学性。

该丛书应成为国家地质公园的百科全书和基本出版物，出版后应定期进行修订和更新。

各国家地质公园应为丛书的编著出版作好相关准备，并提供积极的支持。

5）地质公园的画册

国家地质公园应当编辑出版具有较高的艺术性和科学性的画册,以充分宣传和展示公园的风貌。

地质公园的画册应当既从美学的角度也从地质景观系统的角度来反映地质公园的地质遗迹和地质景观,尽量做到艺术和科学的统一。

6)关于地质公园的宣传和导游出版物的一般要求

地质公园的宣传和导游出版物的编制,应当邀请地质科学和艺术创作两方面的专家共同完成,在正式出版前都应经过国土资源部组织的审查和鉴定。

宣传和导游出版物的文字都应该有英文对照,或者出英文版本,在有条件的地方还应出版其他语种的版本。

宣传和导游出版物的形式和内容,应充分考虑游客的需要和市场的需求,要把科学知识以受众喜闻乐见的方式加以传达。无论是导游出版物,还是景点科学的介绍,一定要处理好科学解释与形象描述的关系。例如一个石柱,从地学角度解释,它被命名为"石魔王",而形象描述可能是"观音";正确的命名和标识应该是石柱(观音)。这样既有趣味性,又有科学性。

4.地质公园导游的科学培训

在地质公园揭碑开园前,公园的导游都必须接受关于地质公园科学解说的培训。地质公园导游科学培训包括以下内容。

(1)地质公园的概念以及联合国教科文组织的地质公园计划;

(2)中国国家地质公园的建设与发展;

(3)地质学的基本知识;

(4)地质遗迹和地质景观的基本知识;

(5)公园的地质遗迹和地质景观的特点、科学价值和意义、地质背景和成因;

(6)公园的地质景观导游解说词。

导游的科学培训应当结合野外现场的观察实习进行,应当由省级国土资源管理部门组织有关专家进行考核。

5.地质公园的揭碑开园

国家地质公园的揭碑开园,是国家地质公园的基础建设初步完成、并以国家地质公园的名义正式向社会开放的标志,也是宣传国家地质公园、宣传地质遗产保护、促进地质景观旅游开发的重要环节。

国家地质公园被正式授牌后的两年之内,必须完成相应的基础建设,并举行揭碑开园仪式。在揭碑开园以前,必须完成以下工作。

(1)地质公园总体规划的编制;

(2)地质公园主入口处标志碑及附属设施的建立;

(3)地质公园各园区、景区及主要地质景观点标示说明牌、栏的设立;

(4)通往地质公园及公园主要景区和景点的交通引导牌的设立;

(5)主要游览线沿线环境的整治;

(6)公园导游的科学培训;

(7)地质博物馆的建立;

(8)光盘、宣传页、导游图、导游手册的编制;

(9)揭碑开园仪式的筹备。

6.地质公园管理信息系统的开发建设

为了适应国家地质公园的现代化管理,国家地质公园都应逐步建立以GIS的空间数据库为基础、以地理信息系统为支撑的管理信息系统。GIS的空间数据库包括公园的地质、地理、旅游、生物等方面的数字化图库和属性数据库。

三、地质公园标徽

1.中国国家地质公园的标徽

中国国家地质公园的标徽如图1-5。该标徽的主题图案由代表山石等奇特地貌的山峰和洞穴的古"山"字,代表水、地层、断层、褶皱构造的3条横线,代表古生物遗迹的恐龙等组成,表现了主要地质遗迹和地质景观类型的特征。

只有经国家正式批准的国家地质公园才能使用中国国家地质公园的标徽。

2.世界地质公园的标徽

世界地质公园的标徽见图1-6。它是由约克·佩诺先生(York Penno)设计的。它象征着地球行星是一个由已形成我们环境的各种事件和作用构成的不断变化着的系统。

图1-5 中国国家地质公园的标徽

图1-6 世界地质公园的标徽

第六节 我国地质公园建设现状

截至2011年,我国已分6批次批准建立国家地质公园219处,其中,2000年,国土资源部批准建立了首批11处国家地质公园;2001年12月批准建立了第二批33处国家地质公园;2003年底批准建立了41处;2005年批准建立了第四批国家地质公园53处;2009年批准了第五批44处地质公园具有国家地质公园资格,同时批准建立香港国家地质公园;2011年底批准了第六批36处地质公园具有国家地质公园资格。在这219处国家地质公园中,四川省就有16处,河南省有15处(表1-2),这两个省的地质公园建设在国内来讲是比较领先的。目前大多数国家地质公园均已揭碑开园,产生了较大的社会影响,初步显示出良好的经济效益。

表1-2 中国国家地质公园分布统计表(截至2011年底)

省(市、区)	四川	河南	福建	安徽	河北	云南	湖南	山东
国家地质公园总数	16	15	12	11	11	10	10	10
省(市、区)	贵州	广西	广东	甘肃	湖北	陕西	重庆	黑龙江
国家地质公园总数	9	9	8	8	8	8	7	7
省(市、区)	山西	内蒙古	新疆	青海	北京	浙江	江西	辽宁
国家地质公园总数	7	7	7	7	5	4	4	4
省(市、区)	吉林	江苏	西藏	宁夏	天津	海南	上海	香港
国家地质公园总数	4	3	3	2	1	1	1	1

2004年2月13日,联合国教科文组织在法国巴黎召开了世界地质公园专家评审会。参加这次评审的国家地质公园包括欧洲17处、德国3处和中国的8处。中国国土资源部地质环境司司长姜建军博士等代表中国8处地质公园到会进行了申报陈述,并对专家所提出的问题进行了答辩。根据评审程序,世界地质公园评审专家组对所申报的28处地质公园进行了认真严格的评审,最终投票表决通过了第一批世界地质公园名单。其中,中国的安徽黄山、江西庐山、河南云台山、云南石林、广东丹霞山、湖南张家界、黑龙江五大连池和河南嵩山8处地质公园被评为首批世界地质公园。

鉴于中国对推动世界地质公园工作所作出的贡献,联合国教科文组织决定,2004年6月27日至29日在中国北京举办第一届世界地质公园大会,同时决定在北京由中国国土资源部建立世界地质公园网络办公室,目的是建立世界地质公园网络网站,并向全球开放。该网站负责全面收集亚太地区和全球各地质公园(包括以地质遗迹为基础的国家公园)的有关信息,形成世界地质公园管理数据库并提供服务,从而有利于联合国教科文组织指导、协调、支持和帮助各国的地质公园建设。

世界地质公园是对"世界遗产公约"和"人与生物圈"的一个重要补充,它强调了重视地质遗产的价值,从而区别于主要关注生物多样性保护的"人与生物圈";另外,相对于世界遗产,它主要关切的是尚不能被列入世界遗产名录的、具有区域性和国家性重要意义的地质遗迹和地质景观区。

联合国教科文组织强调了"地质公园"要与"世界遗产中心"、"人与生物圈"携手并进,密切合作。同时也指出,因为是在1992年联合国环境与发展大会通过《21世纪议程》之后,所以地质公园的理念较之《世界文化与自然遗产保护公约》也增加了新的内容,这就是应当在区域经济发展战略中来考虑地质遗产和环境的保护,更加重视社会经济发展与地质遗迹和自然环境保护之间的关系。也就是说,通过地质公园建设来达到既保护地质遗产,同时又促进区域的社会经济可持续发展和文化复兴的目标。

截至2011年底,世界地质公园网络在27个国家和地区拥有87个成员,遍布欧洲、亚洲、南美洲、北美洲、大洋洲及中东地区,其中中国有26处世界地质公园(表1-3)。

表1-3 中国世界地质公园名录(截至2011年底)

第一批	安徽黄山地质公园
	江西庐山地质公园
	河南云台山地质公园
	云南石林地质公园
	广东丹霞山地质公园
	湖南张家界砂岩峰林地质公园
	黑龙江五大连池地质公园
	河南嵩山地质公园
第二批	浙江雁荡山地质公园
	福建泰宁地质公园
	内蒙古克什克腾地质公园
	四川宜宾兴文石海地质公园
第三批	山东泰山地质公园
	河南王屋山－黛眉山地质公园
	雷琼地质公园
	北京房山地质公园
	黑龙江镜泊湖地质公园
	河南伏牛山地质公园
第四批	江西龙虎山地质公园
	四川自贡地质公园
第五批	内蒙古阿拉善沙漠地质公园
	陕西秦岭终南山地质公园
第六批	广西乐业－凤山地质公园
	福建宁德地质公园
第七批	安徽天柱山地质公园
	香港地质公园

第二章 地学知识基础

第一节 地球的基本性质

一、地球的形状和大小

1.对地球形状、大小的认识

人类在长期生产实践中，对于地球形状的认识经历了反复曲折的过程。当初人们确认地球的形状为圆球形，这是一个认识上的进步，有人比喻为第一级近似。到18世纪末，人们普遍认识到地球为极轴方向扁缩的椭球，这是第二级近似。为了数学上计算方便，人们用"旋转椭球体"这一几何形体来代表地球的形状。所谓旋转椭球体是将一个椭圆以它的短轴为轴旋转而成的球体。地球因自转而变扁，这符合逻辑和事实，但地球不是流体，所以旋转椭球体的光滑表面并不完全和地球真实形状一致。地球表面有大陆和海洋，地势有高有低，其形状是非常不规则的。后来通过重力测量采用"大地水准体"（Geoid）这个概念来代表地球的形状，这是第三级近似。大地水准体是指由平均海面所封闭的球体形状。海面上的重力位各处都是相等的，即海面在重力作用下是一个等位面，把这个等位面延伸通过大陆，就形成一个封闭曲面，这个曲面叫大地水准面。由于地球表面有71%为海洋所占据，所以在一定程度上讲，大地水准面代表了地球的形状，而且这个面是一个实际存在的面。但它仍然是介于旋转椭球体和地球真实形状之间的一个中间形态。

近年来，由于人造卫星等空间技术的发展，大大地推动了关于地球形状的深入研究，取得了一些新的数据。概括说来，有以下几个方面的认识：①大地水准面不是一个稳定的旋转椭球面，而是有地方隆起，有地方凹陷，相差可达100m以上；②地球赤道横截面不是正圆形，而是近似椭圆形，长轴指向西经20°和东经160°方向，长短轴之差为430m；③赤道面不是地球的对称面，从包含南北极的垂直于赤道平面的纵剖面来看，其形状与标准椭球体相比较，位于南极的南极大陆比基准面凹进24m；而位于北极的没有大陆的北冰洋却高出基准面14m。同时，从赤道到南纬60°之间高出基准面，而从赤道到北纬45°之间低于基准面。用夸大了的比例尺来看，这一形状是一个近似"梨"的形状。这一认识是到目前为止对于地球认识的一个新阶段。这种认识说明地球的形状及反映这种形状的内部物质状态还未达到稳定平衡状态。当然，今后卫星测量还必须结合大地测量、重力测量和天文测量等综合手段，才能获得进一步精确的数据。

2.地球的形状和大小的最新数据

1975年9月，国际大地测量学和地球物理学联合会第18届年会推荐和1980年公布的部分大地测量常数值，后者带*号：

地球赤道半径（a）：6 378 137m*

地球极半径(c):6 356 752m*

赤道标准重力加速度(γe):(978 032±1)×10^{-5}m/s^2

3.地球的其他数据

地球平均半径:6 371km

子午线周长:40 008.08km

赤道周长:40 075.24km

地球的面积:51 000万km^2*

海洋面积:36 100万km^2,占地球总面积的70.8%

陆地面积:14 900万km^2,占地球总面积的29.2%

地球的体积:10 830亿km^3*

地球的质量:5.976×10^{27}g*

地球的平均密度:5.517g/cm^3

物体脱离的临界速度:11.2km/s

赤道上点的线速度:465m/s

地球沿轨道运动的平均速度:29.78km/s

大陆最高山峰(珠穆朗玛峰):8 844.43m

大陆平均高度:825m

海洋最深海沟:－11 034m

海洋平均深度:－3 800m

大陆和海洋的平均高度:－2 448m(即全球表面无起伏,将被2 448m厚的海水所覆盖)

从以上数据中,得知地球表面不仅海陆并存,而且地面起伏最大高差近20km。但若把地球缩小,以3.2m为半径,画一道高1.5cm的圆周线带,则地表的最高点和最低点均可包括在这道圆周线带内;同时,由于地球扁率只有1/298,无论是旋转椭球体、大地水准体或近似"梨"形体,从宏观上看地球仍然是近似球形的球体。

二、地球的物理性质

1.地球的密度和重力

地球的质量是根据万有引力定律计算出来的,用地球的质量除以地球的体积,便可得出地球的平均密度是5.517g/cm^3,而地壳上部的岩石平均密度是2.65g/cm^3,由此推测地球内部必有密度更大的物质。根据地震资料得知,地球密度是随着深度的加深而增大的,并且在地下若干深度处密度呈跳跃式变化,推测地核部分密度可达13g/cm^{3}左右。

地球的平均密度和水星(5.4)相差不多,月球(3.341)和火星(3.95)的密度都比地球小,其他行星的密度就更小了。当前很重视和其他星体对比来研究地球。

地球的重力一般是指地球对地表和地内物质的引力。而万有引力$F=m_1m_2/r^2$,由此可知,重力与地球质量(m_1)和物体质量(m_2)的乘积成正比,与地球和物体二者质量中心的直线距离平方(r^2)成反比。地表重力因还受地球自转产生的离心力和各点与地心距离的影响,故各地并不相等,且随海拔和纬度的不同而发生变化。据计算,在两极,重力比赤道地区大0.53%,也就是说把在两极重100kg的物体搬到赤道地区时,则变成99.47kg。通常用单位质量所受的重力,即重力加速度(g)来表示各地的重力大小。如在赤道的重力为978.031 8cm/s^2,在两极

为983.217 7cm/s²。

如果把地球看作一个理想的扁球体(旋转椭球体),并且内部密度无横向变化,所计算出的重力值,称理论重力值。但由于各地海拔高度、周围地形以及地下岩石密度不同,以致所测出的实际重力值不同于理论值,称为重力异常。比理论值大的称正异常,比理论值小的称负异常。存在一些密度较大物质的地区,如铁、铜、铅、锌等金属矿区,就常表现为正异常;而存在一些密度较小物质的地区,如石油、煤、盐类以及大量地下水等,就常表现为负异常。异常的大小取决于矿石与周围岩石的密度差、矿体的大小以及矿体的埋藏深度。根据这个道理可以进行找矿和地质调查,这称为重力勘探,是地球物理勘探方法之一。

但是,利用重力异常研究地质情况,必须对实测重力值进行校正,即必须清除各种因素对实测值的影响。第一,实测点有一定的海拔高度,海拔越高,距地心距离越大,而高差每增减1m,重力差则为0.308 3mGal。因此,须要一律校正至海平面高度,这种校正只考虑海平面与测点之间高差的影响,而未考虑海平面与测点之间物质的影响,就好像那里是空的一样,所以这种校正称自由空气校正。经这样校正后的重力值与理论重力值之差,称为自由空气异常;第二,测点与海平面之间还有岩石(平均密度一般按2.67g/cm³计算)对重力产生影响,测点周围地形也对重力产生影响,因此自由空气校正后的重力值还必须减去这部分岩石和地形对测点所产生的重力值,这种校正称为布格校正,布格校正后的重力值与理论重力值之差称为布格异常。这种异常应用最广,在文献中所看到的重力异常一般皆指布格重力异常。

从我国大陆部分布格重力异常图上可以看出有两点值得注意的情况:①青藏高原边缘和大兴安岭及太行山边缘有明显的"重力台阶",这说明地质情况有很大变化;②丘陵及平原地带重力异常值较小,而青藏高原等地负异常值较大,甚至达到−500∼−400mGal,这说明高原、高山地带在海平面以下的部分存在着某种补偿作用,从而抵消了高山、高原对重力的影响。根据这种现象,有人提出"地壳均衡说",认为山脉是较轻的岩块浮在较重的介质之上,仿佛冰山浮在海水中一样,山越高,它深入下部介质中的深度也越大,这深入的部分通称"山根"。这种论点现已为许多证据所证实。

2.地磁

地球周围形成一个巨大的地磁场。早在公元前3世纪战国时期,我国就已利用磁性发明了指南仪器——司南。后来人们还发现地磁极与地理极的位置是不一致的。地球磁场同置于地球中心的一个大条形磁铁(条形磁铁与地轴呈11.5°相交)所产生的偶极磁场相类似。条形磁铁的北极指向地球的南磁极,条形磁铁的南极指向地球的北磁极。其磁力线是从南磁极出发进入北磁极的。当然事实上地球内部并无这样一个条形磁铁。为了确定地表任何一点的地磁场,需要进行磁场强度测量。箭头代表向量,其长度代表磁场强度(磁场强度单位为奥斯特Oe),它在水平面上的投影为水平强度,它的垂直分量为垂直强度,图中θ角称磁偏角,α称磁倾角。磁偏角也就是地磁子午线与地理子午线的夹角,以指北针为准,偏东为正,偏西为负。磁倾角即磁针与各处水平面的夹角,常随纬度而变化,在两磁极α角为90°,在磁赤道则为0°,以指北针为准,下倾者为正,上仰者为负。

概括而言,地磁具有以下特点。

(1)地磁南北极和地理南北极的位置不一致,并且磁极的位置逐年都有变化,如表2-1,磁极有向西缓慢移动的趋势。

表2-1　近代地磁极位置

年代	北磁极	南磁极
1831*	70.1°N, 96.8°W	
1841*		75.0°S, 153.7°E
1904*	70.5°N, 96.5°W	
1909		72.4°S, 153.3°E
1912*		71.2°S, 150.8°E
1948*	73.0°N, 100°W	
1952*		68.7°S, 143.0°E
1960	74.9°N, 101.0°W	67.1°S, 142.7°E
1965	75.5°N, 100.5°W	66.5°S, 139.9°E
1970	76.2°N, 101.0°W	66.0°S, 139.1°E
1975*	76.2°N, 100.6°W	
1975	76.1°N, 100.0°W	65.8°S, 139.4°E
1980	78.2°N, 102.9°W	65.6°S, 139.4°E
1983*		65.2°S, 138.7°E

*实验位置

（2）地面上每一点都可从理论上计算出它的磁偏角和磁倾角。如磁偏角和磁倾角与理论值不符时，叫做地磁异常。局部的地磁异常主要是由地下岩石磁性差异引起。属于地球物理勘探方法之一的磁法勘探就是据此寻找地磁异常区，从而发现隐伏地下的高磁性矿床。此外通过研究在亿、万年前所形成的岩石中保存下来的剩余磁性的方向和强度，来判断地球磁场方向的变化，称古地磁学。它可以配合其他方法探索地球岩石圈构造发展的历史。

（3）根据人造卫星在地球外层空间探测发现，地球磁场的磁力线并不那样规则，而是由于太阳风的影响，地球的磁场被压缩在一个固定区域内，这个区域叫磁层。磁层像一个头朝太阳的彗星，磁层顶部朝向太阳，距离地球有10个地球半径远，而尾部可以拖到几百个地球半径那么远。磁层可以使地球上生物免受宇宙射线和粒子袭击的危害。

（4）关于地球磁场形成的原因，曾有种种推测：很早人们认为地球的地核部分为具有磁性的镍铁物质，从而形成地球磁场。但是，地内温度高达几千摄氏度，远远超过铁磁性矿物的居里点，不可能产生磁场。目前所知，仅仅在20km范围内的岩石圈部分可以具有铁磁性，但它所产生的磁场强度不可能达到地磁场强度的数量级。还有人认为巨大质量物体的转动可以导致电磁效应，这种看法也被否定了。目前倾向于这种认识：地核的外核部分为液态的金属铁镍物质，是一种导电流体，在地球旋转过程中，产生感应自激，形成地球磁场。又因在地球转动过程中,流体地核比固体地幔略有滞后,因此产生地球磁场逐渐向西漂移。但这些假说有待于继续研究证实。

3.地热

地球内部储存着巨大的热能,这就是常说的地热。地壳表层的温度常随外界温度而有日变化和年变化,但从地表向下到达一定深度,其温度不随外界温度而变化,这一深度叫常温层。它的深度因地而异,在我国北方,温度具有年变化的深度大约在30m左右。在年常温层以下,地温随深度而增加,此增温规律可以用地热增温级或地热梯度表示。所谓地热增温级是在年常温层以下,温度每升高1℃时所增加的深度,单位是m/℃,例如,大庆的地热增温级为20m/℃,北京房山为50m/℃。地热增温级的平均数值是33m/℃。地热增温级的倒数叫地热梯度,即每深100m所增加的温度,单位是℃/100m。地热梯度的平均数值是3℃/100m。

地热增温的规律只适用于地壳部分或岩石圈(图2-1)。据地球物理资料推断,整个地球的平均温度约为2 000℃。

地热的主要来源是由放射性元素衰变而产生的,如铀(U238,U235)、钍(Th232)、钾(K40)等(表2-2)。这些放射性元素衰变析出的总热能值,现有各种不同的估计,根据侯德封等1973年资料,至少为$2.14×10^{21}$J/a。此外,也有一部分热能可能是由构造变动的机械能、化学能、重力能和地球旋转能等转换而来的。还有人认为地热是地球形成时残余下来的,这就是所谓"残余热说"。

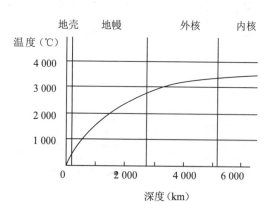

图2-1 地热增温规律

表2-2 各类岩石放射性元素含量(1/10⁶)及生热率

岩类	放射性元素含量			平均总生热率 $(4.2×10^{-8}$J/a)	
	铀(U)	钍(Th)	钾(K)		
沉积岩	3.00	5.00	20 000	1 557.64	49.40
花岗岩	4.75	18.50	37 900	3 424.80	108.02
玄武岩	0.60	2.7	8 400	502.42	5.89
橄榄岩	0.015	0.05	63	9.46	0.30

地球内的热能可以通过不同形式进行释放,如火山喷发、热水活动以及构造运动等都是消耗地热的形式。但地热释放最经常和持续的形式是地球内部热能从地球深部向地表的传输,这种现象称为大地热流。地球通过大地热流放热的现象是十分普遍的,只是单位面积($1cm^2$)的放热量很小,平均每秒钟只有$6.15 \times 10^{-6}J$。热流量的单位为$4.186\,8 \times 10^{-6}J/cm^2 \cdot s$,通称地热流量单位(HFU)。虽然地表单位面积的每秒热流量很小,但整个地球表面在一年中的放热总量可以达到$9.63 \times 10^{20} \sim 1.09 \times 10^{21}J$,这个数字相当于燃烧300多亿吨煤放出的热量。可见地球本身是一个庞大的热库。地热流量或地热流值(Q)的计算公式是岩石导热率(K)和垂直地热梯度(dT/dZ)的乘积,即Q=K(dT/dZ),式中T代表温度,Z代表深度。一般是在室内测定岩心标本的导热率,在钻井中测量地热梯度,两个数值相乘,即得出地热流值。但用钻井岩心标本测定导热率存在很大困难,例如岩心标本离开它原来的位置,其温度、湿度和所受的压力等自然状态有了很大变化,有时岩心发生破裂,或者岩心取自松散岩层,凡此等等,都会使测量的数值产生很大误差。近年来成功研究一种地热流原位测定的仪器,特别适用于测量海底淤积层的导热率,大大推动了海洋地热流测定进度。到20世纪80年代末,全球地热值已测得1万多个,其中有2/3的数值是测自海洋。对全球热流量的研究得到一些有意义的结果。

　　(1)近年对全球地热流值的统计数字表明:全球平均地热流值为(1.47 ± 0.74)HFU,大陆平均地热流值为(1.46 ± 0.46)HFU,海洋为(1.47 ± 0.79)HFU,大陆和海洋平均地热流值几乎相等。

　　(2)但地热流值的分布却具有明显的时空差异。以海洋而论,在洋中脊最高,为(1.90 ± 1.48)HFU,海盆地区为(1.27 ± 0.53)HFU,而距离洋中脊最远的海沟其平均值最低,只有(1.16 ± 0.70)HFU。

　　(3)从岩石的新老或大地构造活动阶段来看,从古到新,地热流值表现为由低到高的趋向。如最古老的前寒纪地块为(0.91 ± 0.02)HFU,早古生代加里东褶皱带为(1.11 ± 0.07)HFU,晚古生代海西褶皱带为(1.24 ± 0.03)HFU,中生代褶皱带为(1.42 ± 0.06)HFU,新生代喜马拉雅褶皱带为(1.75 ± 0.06)HFU。

　　(4)研究还表明,地热流值与岩石圈厚度有关。岩石圈越薄,则地热流值越大;反之,则越小。因此根据地热流值的大小可以推算出岩石圈的厚度,其推算结果与根据地震波推算的结果大体相符。

　　地热流所带出的热能是很分散的,目前只有在一定地质条件下富集起来的地热能,才能被当作资源看待。在大陆地区,地热流值大于2HFU,一般被认为是具有良好地热资源的地区。大陆地热资源分布很不均匀,上面所述中生代褶皱带(相当于环太平洋带)、新生代喜马拉雅褶皱带(相当于地中海-喜马拉雅带)是两条著名的地热带,也是地球上著名的地震带和火山活动带。在这样的地带有很多地方的地热流值或地热梯度高于平均值,这种地方称为地热异常区。在地热异常区,地热传导给地下水,使之变成热水或蒸汽,然后再沿断层或裂隙上升到地表,这样就会形成温泉、热泉、沸泉或者喷汽孔、冒汽地面等,有时还会形成热水湖。所有这些现象都称之为地热活动的地表显示。凡是具有地热的地表显示或地热异常现象的地区,叫地热田。但热水的形成必须具备热源、水源、储集层和盖层等条件。

　　我国东部沿海地区(包括台湾在内)和西南地区西藏、云南等地,正好分别位于世界的两条地热带范畴内,所以地热资源很丰富,目前我国已发现热泉点2 800多处(西藏地区未计入内)。据近年科学考察,西藏全区的水热活动区不下600处。其中拉萨西北羊八井热汽井,钻井深至30m，而达130℃的热水汽喷高30多米，是大型地热田之一。热泉、温泉之外，也可以通过钻井把地下一二千米以内的热水抽到地面上来，加以利用。热水除直接利用外，还可用以建立地热发电站。20世纪70年代以来，我国已在广东丰顺、河北怀来以及湖南、山东、江西、辽宁等省建成小型地热发电站。在西藏羊八井还建立了第一座直接利用地热汽发电的地热试验站。

目前全世界对地热的利用还主要限于地表和地下热水方面，但近年已注意到如何进行"高温岩体"的利用问题。如日本正在进行开发高温岩体热能试验。其方法是在岩浆岩体上开凿一破碎井（或利用废井），在井下采取措施，使下面岩体产生龟裂，然后注水到地下岩体龟裂处，同时在地面另凿一生产井，提取利用基岩热产生出来的蒸汽，推动涡轮机发电。1992年在山形县挖掘了一口深2 200m的实验井，成功地进行了第二次制造龟裂的实验，并准备继续进行破碎井与生产井之间水汽通过连续循环实验。据认为如果能开发4 000m以下岩体热能，则仅日本的这项可以利用发电的能源资源即可达到4亿千瓦以上。由此说明，地热资源的开发利用，蕴育着无限广阔的前景。

三、地球的结构

地球是一个由不同状态与不同物质的同心圈层所组成的球体。这些圈层可以分成内部圈层与外部圈层，即内三圈与外三圈。其中外三圈包括大气圈、水圈和生物圈，内三圈包括地壳、地幔和地核。

1.地球内部结构

1910年，前南斯拉夫地震学家莫霍洛维奇契意外地发现，地震波在传到地下50km处有折射现象发生。他认为，这个发生折射的地带，就是地壳和地壳下面不同物质的分界面。1914年，德国地震学家古登堡发现，在地下2 900km深处，存在着另一个不同物质的分界面。后来，人们为了纪念他们，就将两个面分别命名为"莫霍面"和"古登堡面"，并根据这两个面把地球分为地壳、地幔和地核3个圈层（图2-2）。

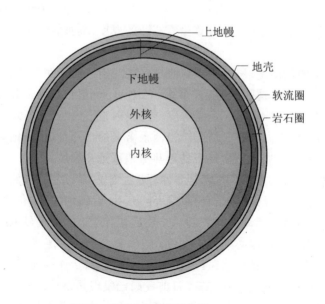

图2-2　地球内部结构示意图

地球内部结构是指地球内部的分层结构。根据地震波在地下不同深度传播速度的变化，一般将地球内部分为3个同心球层：地核、地幔和地壳。中心层是地核，中间是地幔，外层是地壳。地壳与地幔之间由莫霍面界开，地幔与地核之间由古登堡面界开。地震一般发生在地壳之中。地壳内部在不停地变化，由此而产生力的作用，使地壳岩层变形、断裂、错动，于是便发生地震。超级地震指的是指震波极其强烈的大地震。但其发生占总地震7%～21%，破坏程度是原子弹的数倍，所以超级地震影响十分广泛，也是十分具破坏力。

1）地壳

地壳是地球的表面层，也是人类生存和从事各种生产活动的场所。地壳实际上是由多组断裂的、很多大小不等的块体组成的，它的外部呈现出高低起伏的形态，因而地壳的厚度并不均匀：大陆下的地壳平均厚度约35km，我国青藏高原的地壳厚度达65km以上；海洋下的地壳厚度仅约5～10km；整个地壳的平均厚度约17m，这与地球平均半径6 371km相比，仅是薄薄的一层。

地壳上层为花岗岩层（岩浆岩），主要由硅-铝氧化物构成；下层为玄武岩层（岩浆岩），主要由硅-镁氧化物构成。理论上认为地壳内的温度和压力随深度增加，每深入100m温度升高1℃。近年的钻探结果表明，在深达3km以上时，每深入100m温度升高2.5℃，到11km深处温度已达200℃。

目前所知地壳岩石的年龄绝大多数小于20多亿年，即使是最古老的石头——丹麦格陵兰的岩石也只有39亿年；而天文学家考证地球大约已有46亿年的历史，这说明地壳层的岩石并非地球的原始壳层，是以后由地球内部的物质通过火山活动和造山活动构成的。

地球是地球表面以下、莫霍面以上的固体外壳，地震波在其中传播速度比较均匀。地球厚度变化有规律，其规律是：地球大范围固体表面的海拔越高，地壳越厚；海拔越低，地壳越薄。地壳由90多种元素组成，它们多以化合物的形态存在。氧、硅、铝、铁、钙、钠、钾、镁8种元素的质量占地壳总质量的98.04%。其中，氧几乎占1/2，硅占1/4。硅酸盐类矿物在地壳中分布最广。

2）地幔

地壳下面是地球的中间层，叫做"地幔"，厚度约2 865km，主要由致密的造岩物质构成，这是地球内部体积最大、质量最大的一层。地幔又可分成上地幔和下地幔两层。一般认为上地幔顶部存在一个软流层，推测是由于放射元素大量集中，蜕变放热，将岩石熔融后造成的，可能是岩浆的发源地。软流层以上的地幔部分和地壳共同组成了岩石圈。下地幔温度、压力和密度均增大，物质呈可塑性固态。

地幔上层物质具有固态特征，主要由铁、镁的硅酸盐类矿物组成，由上而下，铁、镁的含量逐渐增加。

3）地核

地幔下面是地核，地核的平均厚度约3 400km。地核还可分为外地核、过渡层和内地核3层，外地核厚度约2 080km，物质大致成液态，可流动；过渡层的厚度约140km；内地核是一个半径为1 250km的球心，物质大概是固态的，主要由铁、镍等金属元素构成。地核的温度和压力都很高，估计温度在5 000℃以上，压力达1.32亿kPa以上，密度为13g/cm³。

美国一些科学家用实验方法推算出地幔与核交界处的温度为3 500℃以上，外核与内核交界处温度为6 300℃，核心温度约6 600℃。

横波不能在外核中传播，表明了外核的物质在高温和高压环境下呈液态或熔融状态。它们相对于地壳的"流动"，可能是地球磁场产生的主要原因。一般认为地球内核呈固态。（软流层一般认为可能是岩浆的主要发源地之一）

2.地球的外部圈层

1）大气圈

从地表（包括地下相当深度的岩石裂隙中的气体）到16 000km高空都存在气体或基本粒子，总质量达$5×10^{15}$t，占地球总质量的0.000 09%。主要成分氮占78%，氧占21%，其他是二氧化碳、水汽、惰性气体、尘埃等，占1%。地球的表面为什么形成大气圈，这是与地球的形成和演化分不开的。地球在其形成和演化的过程中，总是要分异出一些较轻的物质，轻的物质上升，积少成多形成大气圈。我国古代也有这样的话："混沌初开，乾坤始奠，轻清者上升为天，重浊者下沉为地。"其实这就是讲的物质分异作用。上升的气体为什么不会从地球的表面跑到宇宙空间中，其主要原因是地球的引力把大气物质给拉住了，形成一个同心状的大气圈。物体脱离地球的临界速度是11.2km/s，尽管气体物质很轻，其运动速度也很快，如氧分子的运动速度是0.5km/s，氢分子的运动速度是2km/s，但这种速度并不能使气体物质脱离地球的引力场。只有一部分氢和氦，在宇宙射线作用下可以被激发，产生很高的速度而跑掉一些。所以，大气圈中氧和其他气体的成分就相对增加了。

在太阳系中的其他星球，如月球、水星、火星等，则不同于地球的情况。月球的表面重力只有地球重力的1/6，物质脱离月球的速度为2.38km/s。所以月球上分异出的气体物质，很容易脱离月球，使月球不可能形成大气圈。水星离我们地球最近，其表面重力是地球的1/3，脱离速度是4.2km/s，气体比较容易跑掉，所以水星上也没有形成大气圈。火星表面的引力与水星的引力差不多，但火星的表面温度较低，气体分子运动的速度相对比较慢，所以火星的四周还可以保存一部分大气物质，但比起地球来，气体是非常稀薄的。木星、土星、天王星和海王星的引力与质量都比地球大得多，因此在这些星球上都存在有大气圈。但它们的成分却与地球上的大不相同。由于这些行星的引力大，连氢、氦这些轻气体分子都能被吸引住，所以这些星球上的气体不适合各种生物的生存与发展。金星的质量与引力都和地球近似，也存在有大气圈，但金星上没有植物进行光合作用，所以二氧化碳的含量很大。这样的条件也不适于生物的发展与生存。

地球大气圈成分是随着时间而变化的。当初大气中的二氧化碳可能达到百分之几十，大约在3亿年前，由于植物大规模繁盛，才演化成接近现今的大气成分，目前大气中的二氧化碳只有0.46‰。大约在1亿年前，大气的温度才接近现今的温度。从地史发展来看，二氧化碳的多少是影响地表温度的一个重要因素。若二氧化碳增多，地球的温度将会增高。根据有关资料，自工业革命以来，二氧化碳的含量已增加13%，因此人们推测地球的大气温度将会越来越高。

大气圈是地球的重要组成部分，并有重要的作用。

（1）大气可以供给地球上生物生活所必须的碳、氢、氧、氮等元素。

（2）大气可以保护生物的生长，使其避免受到宇宙射线的危害。

（3）防止地球表面温度发生剧烈的变化和水分的散失，如若没有大气圈，地球上将不会存在水分。

（4）一切天气的变化，如风、雨、雪、雹等都发生在大气圈中。

（5）大气是地质作用的重要因素。

（6）大气与人类的生存和发展关系密切。大气容易遭受污染，大气环境的质量直接关系着人类健康。

2）水圈

水圈主要是呈液态及部分呈固态出现的。它包括海洋、江河、湖泊、冰川、地下水等，形成一个连续而不规则的圈层。水圈的质量为$1.41×10^{18}$t，占地球总质量0.024%，比大气圈的质量大得多，但与其他圈层相比，还是相当的小。其中海水占97.2%，陆地水（包括江河、湖泊、冰川、地下水）只占2.8%；而在陆地水中冰川占水圈总质量的2.2%，所以其他陆地水所占比重是很微小的。此外，水分在大气中有一部分；在生物体内有一部分，生物体的3/4是由水组成的；在地下的岩石与土壤中也有一部分。可见，水圈是独立存在的，但又是和其他圈层互相渗透的。

地球上有水，这好像是很平常的现象，与其他星球相比，则显得特殊了。如，月球、水星、金星上都没有水。金星的表面温度较高，水都变成蒸汽跑掉了。火星上的水不少于地球，但火星上的水几乎都是以冰的形式存在的。火星以外的行星表面温度更低，难于存在液态水，如土星光环，据查明是由冰块组成的。

大气圈中存在的水分只占水圈总量的十万分之一，但它的重要意义是不能以所占比重来衡量的。因为大气中的水分不时凝结为雨、雪降下，又不时从地面和海面得到补充。实际上，大气中的水汽成了水分循环的中转站。这个中转站对人类生存关系极大。每年大约有$4.46×10^{14}$t的水分经过蒸发进入大气圈，同时也有相等数量大气中的水分经过凝结又降回大地，其中大约有1/5降落在大陆上。

地球上的原生水，是地球物质分异的产物。目前火山喷发常有大量水汽从地下喷出便是证明。如1976年阿拉斯加的奥古斯丁火山喷发，一次喷出水汽即达$5×10^6$kg。当然地球上的水圈是逐渐演化而成的。

水圈是地球构成有机界的组成部分，对地球的发展和人类生存有很重要的作用。

（1）水圈是生命的起源地，没有水也就没有生命。

（2）水是多种物质的储藏床。

（3）水是改造与塑造地球面貌的重要动力。

（4）水是最重要的物质资源与能量资源，水资源的多寡和水质的优劣直接关系着经济发展与人类生存。

3）生物圈

生物圈指地球表面有生物存在并感受生命活动影响的圈层。目前世界上已知的动物、植物大约有250万种，其中动物占200万种左右，植物大约占34万种左右，微生物大约有3.7万种。整个生物圈的质量并不大，仅仅是大气圈质量的1/300，但它起到的作用却是很大的。生物圈具有相当的厚度。绿色植物的分布极限大约是海拔6 200m左右，根据资料，在33 000m高空还发现有孢子及细菌。总的来讲，生物圈包括大气圈的下层、岩石圈的上层和整个水圈，最大厚度可达数万米。但是其核心部分为地表以上100m、水下100m，也就是说大气与地面、大气与水面的交接部位是生物最活跃的区域，其厚度约为200m左右，因为在这个范围内具有适于生物生存的温度、水分和阳光等最好的条件。

生物圈是在地球演化过程中形成的一个特殊圈层,大约在30亿年以前,地球上才开始有了最原始的生命记录。大约从6亿年前才进入生命演化的飞跃阶段。地球上自从出现生物,便对地球的发展起着重要的特殊的作用。由于生物的生长、活动和死亡,使生物和大气、水、岩石、土壤之间,进行着多种形式的物质和能量的交换、转化和更替,从而不断改变着周围的环境。如植物在光合作用过程中,不断从大气中吸收CO_2,在反应中放出O_2,改变着大气的成分,同时将碳固定下来,并把它们的一部分埋藏在地壳中,形成大量的地壳能源。据估计,每年大约有1.5×10^{10}t的碳,从大气转入到树木之中,煤炭就是地质时代树木被掩埋地下形成的。目前,每年大约形成含碳量达3×10^8t的泥碳。此外,空气中的CO_2,溶解到水中形成HCO_3^-,与Ca^+结合形成$CaCO_3$,一部分为生物所吸收变成硬体(外壳、骨骼等),沉积而成为石灰岩。同时,生物也参与了土壤的发育。可以说,没有生物,也就没有今天的地球面貌;没有生物,也就不可能提供如此繁多的生物资源。

第二节 地质作用与地质年代

一、导致地球不断变化的作用——地质作用

1.基本概念

在漫长的地球历史中,组成地球的物质不断在变化和重新组合,地球内部构造和地表形态也不断在改造和演变。地球的这种不断的变化,是和作用于地球的自然力密切相关的。我们把作用于地球的自然力使地球的物质组成、内部构造和地表形态发生变化的作用,总称为地质作用。引起地质作用的自然力称为地质营力。

所有地质营力来源于能,力是能的表现。按照能的来源不同,地质作用分为内力地质作用和外力地质作用。内力地质作用是由地球内部的能(简称内能)引起的,主要有地内热能、重力能、地球旋转能、化学能和结晶能。外力地质作用是由地球以外的能(简称外能)引起的,主要有太阳辐射能、潮汐能、生物能等。

2.地质作用的能源

(1)地内热能。地球本身具有巨大的热能,这是导致地球发生变化的重要能源。目前公认,放射性热能,即由地球内部放射性元素蜕变而产生的热能,是地球热能的主要来源。一种观点认为,地球在由星际物质聚集而成的过程中,在本身重力作用下体积逐渐压缩,产生压缩热,也是地球热能的一种来源。另外,地球内部物质发生化学反应,或者产生结晶作用,也可以释放热,所以化学能和结晶能同样是地球热能的来源。据计算,地球内部每年产生的总热量大于每年经地表散失的总地热流量,这部分剩余的地热能量,是导致火山活动、岩浆活动、地震、变质作用、地壳运动的主要能源,根据岩石圈板块理论,地内热对流是板块运动趋动力的主要能源。

(2)重力能。指地心引力给予物体的位能。在地球表面的所有物体都处于重力场的作用之下。同时,在地球形成和发展过程中,地内物质在地心引力作用下,按不同比重发生分异,即轻者上升、重者下沉,导致物质的总位能释放而转化为热能,这种热能称为重力分异产生的热能,成为地球热能来源之一。

（3）地球旋转能。地球自转对地球表层物质产生离心力和离极力。离心力的大小随纬度而变化，两极为零，赤道最大，故离心力自两极向赤道是逐渐增加的；同时，离心力又可分解为两个分力：一是垂直地面的垂直分力，它和重力作用方向相反，并为重力所抵消；一是过地表相应点沿经向的水平分力（切向分力），这是使地壳表层物质产生由高纬度向低纬度沿水平方向移动的有效分力。离极力是可变形旋转椭球体的转动惯量矩具有使自己取极大值的趋势的力，其方向指向赤道，从而导致地球表层物质向赤道方向移动。

（4）太阳辐射能。太阳不断向地球输送热能，根据计算，一年中整个地球可以由太阳获得 5.4×10^{24} J的热量。太阳辐射热是大气圈、水圈和生物圈赖以活动、发育并相互进行物质和能量交换的主要能源，并由此产生了一系列的外营力，如风、流水、冰川、波浪等。

（5）潮汐能。地球在日、月引力作用下使海水产生潮汐现象。潮汐具有强大的机械能，是导致海洋地质作用的重要营力之一。

（6）生物能。由生命活动所产生的能量，无论是植物的生长、动物的活动以及人类大规模的改造自然活动，都会产生改变地球物质和面貌的作用。但归根结底，任何生物能都源于太阳辐射能。

上述各种能源是导致内外地质作用的主要能源。源于内能的内力地质作用主要在地下深处进行，但也常常波及地表，它使岩石圈发生变形、变质或重熔，以至形成新的岩石，或者使岩石圈分裂、融合、变位、漂移，使大地构造格局发生重大变化。源于外能的外力地质作用主要在地表或靠近地表进行，不过也可能延伸至地下相当深处，它使地表岩石组成不断发生变化，使地表形态不断遭受破坏和改造，但外力地质作用几乎均有重力能参与。自从形成地壳以来，进行着的各种地质作用是相对独立的，又是相互依存的，是对立的又是统一的。例如，内力作用形成高山和盆地，而外力作用则把高山削低，把盆地填平；一个地区发生隆起，其相邻地区常会发生拗陷；高山上的矿物岩石受到风化、侵蚀和破坏，而被破坏的物质又被搬运到另外地方堆积下来形成新的矿物岩石，如此等等。地质作用对地球既产生破坏作用，同时也产生建造作用。但在不同时空条件下，它们可能是不平衡发展的，或者是彼此互为消长的。有些地质作用进行得十分迅速，如火山、地震、山崩、泥石流、洪水等，有些地质作用却进行得十分缓慢，往往不为人们感官所察觉，但经过悠久岁月却可产生巨大的地质后果。从地球发展的角度看，地质作用是促使地球不断新陈代谢、汰旧更新的经久不息的动力。

3.地质作用的分类

地质作用的分类如图2-3所列。内力地质作用分为构造运动、岩浆活动、变质作用和地震作用。外力地质作用按照外营力的类型，可以分为河流的地质作用、地下水的地质作用、冰川的地质作用、湖泊和沼泽的地质作用、风的地质作用和海洋的地质作用等；若按其发生的序列则可分为风化作用、剥蚀作用、搬运作用、沉积作用和成岩作用。

二、地质年代

地球自形成以来大约经历了46亿年的历史，和月球年龄（据月岩测定）大致相同。研究有关地球历史演化和测定地质事件的年龄与时间序列，称为地质年代学。地质年代包括两种，即相对地质年代和同位素地质年龄。

根据地球发展历史过程中生物演化和岩层形成的顺序，将地球历史划分为若干自然阶

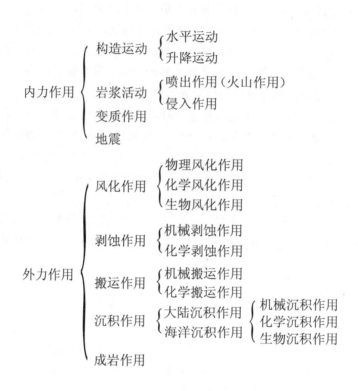

图2-3　地质作用分类图

段,称为相对地质年代。19世纪初期,英国地质学家W·史密斯、C·莱伊尔等就开始利用生物地层学的方法划分地质年代。在地球发展过程中,在地表一定地区沉积了许多地层,在地层中常保存下来当时生存过的生物遗体和遗迹,称为化石。在层状岩层的正常序列中,先形成的岩层位于下面,后形成的岩层位于上面,这一原理称为"地层层序律",是1669年丹麦地质学家N·斯泰诺首先提出来的。同时,保存在地层中的生物化石,由简单到复杂,由低级到高级,表现出清楚的不可逆性和阶段性。1816年,W·史密斯首次提出生物顺序发生的概念,这一概念称为"化石顺序律"。实际上,化石顺序律和地层层序律是一致的,在最古老地层中找不到化石,在较老地层中可以发现低级化石,在较新地层中可以发现高级化石,这种关系称为"生物层序律"。生物的发展过程不是均一的或等速的,而是由缓慢的量变、急速的突变或大量绝灭现象交替出现,而且在同一时期内,生物的总体面貌具有全球的或至少是大区的一致性。因此,根据地层顺序和古生物种类可以把地层划分为若干大小不同的单位。这种划分地层的方法称为生物地层学的方法,生物地层学这一术语是比利时学者L·A·M·J·多洛于1904年首次提出的。从19世纪70年代到20世纪40年代,岩相古地理学和历史大地构造学相继建立,以岩石、构造、地层、古生物等来确定相对地质年代的方法得到广泛利用,促进了相对地质年代学的进一步发展。根据生物地层学等所划分的地层单位,称为年代地层单位,最大的地层单位叫宇,宇下分为界,界又分为系,每个系又分为3个(或2个)统。与此相对应,形

成一个宇的时间叫宙,形成一个界的时间叫代,形成一个代的时间叫纪,形成一个统的时间叫世。它们的对应关系如下:

时代地层单位	地质时代单位
宇(Eonthem)············	宙(Eon)
界(Erathem)············	代(Era)
系(System)·············	纪(Period)
统(Series)·············	世(Epoch)

自从放射性元素的发现和同位素概念的提出以来,根据放射性同位素衰裂变测年的技术得到广泛应用,从而为测定矿物或岩石的年龄提供了比较精确的方法。用这种方法所测出的年龄称为同位素地质年龄,也曾叫过绝对地质年龄。同位素年龄测定的基本原理和方法是:当岩浆冷凝矿物结晶时,放射性元素以某种形式进入矿物或岩石中,在封闭体系中放射性元素(母体)将按一定速度蜕变出同位素(子体),并继续衰变和积累。如果岩石中母体元素的衰变常数已经被准确测定出来,衰变最终子体产物是稳定的,只要准确地测定矿物和岩石中放射性母体和子体的含量,即可根据放射性衰变定律计算出矿物或岩石的年龄。其中最常用的方法是根据放射性同位素本身衰变过程而定的方法,亦即以母体同位素衰减或子体同位素增长作为时间的函数而进行测定,由于不同放射性元素的半衰期有长有短,故采用不同放射性元素所适用测定的年龄长短亦不相同。现以铀-铅法为例,$U235$的半衰期为7亿年,它的最终子体同位素为$Pb207$和He,$1gU235$在1年中只有74亿分之$1g$裂变为$Pb204$和He,故铀-铅法适宜于测定年龄为二三十亿年的岩石或矿物。此外,还有钾-氩法、铷-锶法,多用于古老岩矿年龄的测定。又如碳14(^{14}C)法,是常用的测定年轻样品年龄的方法,能测到2万～5万年的年龄。除去上述,还有根据放射性射线对周围物质作用的程度而定的方法,如根据矿物中铀自发裂变产生的辐射损伤径迹的数目作为矿物存在时间的函数来计算矿物的年龄,称为裂变径迹法,测定年龄范围一般为数年到几十亿年。

三、地质年代表

自19世纪以来,人们在长期实践中进行了地层的划分和对比工作,并按时代早晚顺序把地质年代进行编年、列制成表。早先进行这样的工作,只是根据生物地层学的方法,进行相对地质年代的划分,相对地质年代反映了地球历史发展的顺序、过程和阶段,包括无机界和生物界的发展阶段。自从同位素年龄测定取得进展以后,对于地质年代的划分起了很重要的作用。因为相对地质年代只能表明地层的先后顺序和发展阶段,而不能指出确切的时间,从而无法确立地质时代无机界和生物界的演化速度。但有了同位素年龄资料,这个问题便解决了。并且,在古老岩层中由于缺少或少有生物化石,对于这样的地层和地质年代的划分经常遇到很大困难,而同位素地质年龄的测定则大大推动了古老地层的划分工作。但是,应该指出,相对地质年代和同位素地质年龄二者是相辅相成的,却不能彼此代替,因为地质年代的研究,不是简单的时间计算,而更重要的是地球历史的自然分期,力求表明地球历史的发展过程和阶段,同位素地质年龄有助于使这一工作达到日益完善的地步。我们把表示地史时期的相对地质年代和相应同位素年代值的表,称为地质年表,或称地质年代表、地质时代表。1913年英国地质学家A·霍姆斯提出第一个定量的(即带有同位素年龄数据的)地质年表,以后又陆续出现不同时间、不同国家、不同学者提出的地质年表。目前比较通用的地质年表见表2-3。

表2-3　地质年代简表

地质年代			同位素年龄（百万年）	生物进化	
宙	代	纪			
显生宙（Ph）	新生代（Q）	第四纪（Q）	2.60		人类时代
		新近纪（N）	23.3		被子植物和兽类时代
		古近纪（E）	65		
	中生代（Mz）	白垩纪（K）	137		裸子植物和恐龙时代
		侏罗纪（J）	205		
		三叠纪（T）	250		
	古生代（Pz）	二叠纪（P）	295		蕨类和两栖类时代
		石炭纪（C）	354		
		泥盆纪（D）	410		裸蕨植物和鱼类时代
		志留纪（S）	438		
		奥陶纪（O）	490		真核藻类和三叶虫时代
		寒武纪（∈）	543		
元古宙（Pt）	新元古代（Pt₃）	震旦纪（Z）	680		
		南华纪（Nh）	800		
		青白口纪（Qb）	1 000		
	中元古代（Pt₂）	蓟县纪（Jx）	1 400		
		长城纪（Ch）	1 800		
	中元古代（Pt₁）	滹沱纪（Ht）	2 500		细菌藻类时代
太古宙（Ar）	新太古代（Ar₃）		2 800		
	中太古代（Ar₂）		3 200		
	古太古代（Ar₁）		3 600		
	始太古代（Ar₀）			地球的形成与进化时期	

第三节 地层与古生物

一、地层与地层单位

(一)基本概念

1.旋回沉积作用和非旋回沉积作用

地层的旋回性是指地层垂向上的规律组合和变化,是现代理论地层学及应用地层学研究的一个重要方面。地层的旋回性在不同时间、空间尺度上均有表现,本为主要讨论露头尺度上的岩层的旋回性。

地层的旋回性是由旋回沉积作用形成的,所谓旋回沉积作用,是指在一定的沉积环境中由于环境单位的变迁,或在一定的沉积作用过程中由于作用方式的变化导致地层沉积单元纵向上规律重复的沉积作用。不同的旋回沉积作用形成不同的旋回沉积序列。相反,不能够形成这种规律重复的沉积作用是非旋回沉积作用。

控制地层旋回沉积作用的因素主要是沉积盆地内的环境因素(如环境水动力条件、物理化学条件、生物条件),也包括沉积盆地的背景因素,如海平面变化、沉积物的物源性质、盆地基底的构造活动及古气候等。它们也是通过沉积基准面(海平面、湖平面等)的变化去影响沉积作用的。

根据旋回沉积作用的形成机理,可以将回旋沉积作用划分为不同的类型:一是由沉积体自身作用为主的旋回沉积作用,如生物筑积作用;二是在刺激背景相对稳定的条件下,由于沉积盆地内环境单位的变迁形成的旋回沉积作用,如曲河流的侧向加积作用和三角洲作用等;三是由于突发性的事件形成的旋回沉积作用,如浊流作用形成的鲍马序列;四是由于沉积背景因素的影响,造成相对海平面的升降变化,从而引起海进或海退,形成地层的旋回性变化。

2.地层的堆积作用

1)纵向堆积作用与地层叠覆律

纵向堆积作用是指沉积物在水体中自上而下降落,依次沉积在沉积盆地底部的沉积作用。由水体中的沉积物,主要是悬浮状的沉积物,像下毛毛雨一样自由降落,垂向加积,形成所谓的"千层糕式"的地层模型,地层一层一层地水平叠覆而成的岩层组合。纵向堆积作用形成的地层具以下特征:沉积地层的时间界面一般是水平或近于水平的,它与岩性界面是平行或基本平行的。

地层叠覆原理是斯坦诺(Steno)3个地层学的基本原理(原始水平原理、原始连续原理、叠覆原理)中最著名且最具有影响的,并一直作为地层学最重要的一般原理。自17世纪到20世纪30年代,绝大多数人认为地层形成是以纵向堆积作用为主,沉积作用所形成的岩层沉积时是近于水平的,而且所有的岩层都是平行于这个水平面的(原始水平原理);沉积地层中的岩层在侧向上是大规模甚至全球性连续的,或者是延伸到一定的距离逐渐尖灭(原始连续原理);沉积地层的原始状态自下而上是从老到新的,如果这种顺序被改变,说明有构造作用的改造(叠覆原理)。

现代沉积学研究表明,纵向堆积作用主要发生在悬浮沉积的条件下,比较典型的如深湖悬浮沉积、远洋悬浮沉积、火山灰沉积等。因此,纵向堆积作用形成的地层是很有限的。在这些沉积环境和这些沉积作用下,上述传统地层学的原理是适合的,但在非纵向堆积作用的情况下，这些原理的应用就要受到限制。

2）横向堆积作用与超覆（退覆）

横向堆积作用是沉积地层形成的主要作用方式，它是由Weimer（1978）提出的一个重要的地层学概念。横向堆积作用是指沉积物的颗粒在介质搬运过程中沿水平方向位移，当介质能量衰减时而沉积下来，如曲流河河道侧向迁移形成的侧向加积作用、以河流作用为主的三角洲与海滩、障壁沙坝的进积作用以及滨岸沉积的退积作用等。在曲流河的发展过程中，河道受侧向侵蚀作用的影响向凹岸迁移，并在凸岸沉积，逐渐形成凸岸点沙坝向凹岸方向迁移；与此同时，河流的天然堤、洪泛平原等也随之迁移。因此形成沉积物的时间界面是倾斜的，与沉积物的岩性界面有一定角度。作为沉积地层主要的形成方式，横向堆积作用形成的地层的时间界面一般是非水平的，地层的时间界面与岩性界面一般是不一致或斜交的。对横向堆积作用的认识导致了穿时普遍性原理的产生。穿时普遍性原理认为在所有横向堆积作用过程中形成的岩石地层必然是穿时的。

海平面的变化、沉积基底的构造升降、陆源沉积物供给的多少等都能引起相对海平面变化，从而造成海平面向大陆方向侵进（海进）或海平面向海洋方向退却（海退）。与之对应，海进过程中地层形成向大陆方向的上超（超覆），在海退过程中地层向海洋方向的退却或下超（退覆）。

3）生物筑积作用

生物筑积作用是由于原地生物首先形成生物格架，之后才充填填隙物。生物筑积作用所形成的地层一般丘状隆起，岩层多具块状构造。生物筑积作用主要受海平面变化、生物礁的生长速率（表现为生物礁体顶面的水深）、沉积基底的构造沉降及三者的相互关系（表现为相对海平面变化）控制。在相对海平面下降过程中，生物礁为了维持正常生长必须保持应当的水深，因此生物礁必然向深水地区迁移，形成生物礁成因的地层侧向加积。在相对海平面稳定阶段，生物礁为了维持生存，也必然向深水地区迁移形成侧向加积。上述两种情况形成的岩性界面和时间界面都是不一样的。在第三种情况下，相对海平面持续上升，生物礁为了维持自身生存，必然向上生长，从而形成垂向加积。此时，地层的岩性界面和时间界面基本上是一致的。综上所述，在垂向加积的情况下，生物筑积作用所形成的地层基本上符合传统的地层学原理。而在侧向加积的情况下，所形成的地层与传统地层学原理不相符合，而与地层的穿时普遍性原理相符。

3. 层型

在地层划分和建立地层单位的过程中，对于新建的地层单位必须采取优先权法则，并为命名的地层单位指定一个代表该单位的地层模式，该模式即为层型。

由于现代地层学的地层划分依据是多重的，地层单位的类型也是多重的，所以代表地层单位含义的层型也是多重的。不同类型的地层单位有不同的层型。年代地层单位有年代地层单位的层型；岩石地层单位有岩石地层单位的层型；生物地层单位有生物地层单位的层型；磁性地层单位有磁性地层单位的层型；等等。同时，一个地层单位是指具有一定特征的一段地层间隔，这个间隔不仅包括这段地层本身，也包括该段地层的上下界线。所以层型就有单位层型和界线层型之分。单位层型是给一个命名的地层单位下定义和识别一个命名的地层作标准用的一个特殊岩层序列中的特定间隔（如山西组、上泥盆统等）的典型剖面。而界线层型是给两个命名的地层单位之间的地层界线下定义和识别这个界线作标准的特殊岩层序列中的一个特定的点。由若干个层型联合而成的称为复合层型，复合层型内的各个层型称为组分层型。

为了精确地使用层型,现代地层学运用生物命名法则中的概念的术语来描述层型,因此层型又分为正层型、副层型、选层型、新层型、次层型等。正层型是指命名人在建立地层单位或地层界线时指定的原始层型;副层型是指命名人为了解释正层型所建立的一个补充层型,如广西桂林南边村泥盆系—石炭系副层型是为了解释泥盆系—石炭系层型的;选层型是指命名人命名地层单位或界线时,当时未选定合适的层型而于事后补指的原始层型;新层型是指为取代已经毁坏而不复存在或失效的旧层型,在层型所在地或地区重新指定的层型;次层型则是指为了延伸一个地层单位或地层界线在别的地区或相区指定作为参考用的派生的层型,或叫参考层型剖面。一个层型建立以后,原则上不应该变动或加以修正。如果有的岩层被永久地破坏掉了,或后来发现原有层型是错误的,最好在典型地区之内,建立一个新层型。

描述一个层型包括地理和地质两个方面的内容。地理上应标示层型剖面的地理位置、交通途径和方式,并附一定比例尺的航空照片或地面照片;地质上应明确标示层型剖面的地层分层、岩性、厚度、生物化石、矿物、构造、地貌及其他地质现象,界线层型应详细描述地层界限的划分标志,同时应附地层剖面图、柱状图等。层型剖面最好能建立永久性人工标志,并作为保存对象保护起来。

(二)地层单位

在地层的物质属性研究的基础上,建立地层单位和确立地层系统是地层学的中心任务。由于地层的物质属性不同,地层划分的依据不一,所建立的地层单位也不一致。《国际地层指南》[萨尔瓦多(Amos Salvador),1994]和《中国地层指南》(全国地层委员会,2000)都强调了多重地层单位的思想。一是建立全球性年代地层系统为目的的年代地层单位系统,以及完善和验证为该系统服务的生物地层单位和磁性地层单位,这些地层单位之间的界面是等时的。因此,不是所有的地层单位都能形成完整的地层系统。二是以建立局部地层系统为目的,主要以区域性特征为依据的岩石地层单位系统,以及为改善、补充和验证该地层系统的其他地层学分支所提供的地层单位(如地震地层单位、构造地层单位、化学地层单位及生态地层单位等),所有这些地层单位之间的界面都是穿时的。

目前地层研究中最常用的是岩石地层单位、年代地层单位和生物地层单位(表2-4)以及岩石地层单位系统和年代地层单位系统两套地层单位系统。

表2-4 地质年代及主要地层单位

地质年代单位	年代地层单位	岩石地层单位	生物地层单位
宙(Eon)	宇(Eonthem)		
代(Era)	界(Erathem)		
纪(Period)	系(System)	群(Group) 组(Formation) 段(Member) 层(Bed)	延限带(Range zone) 组合带(Assemblage zone) 顶峰带(Abundance zone) 谱系带(Lineage zone) 间隔带(Interval zone)
世(Epoch)	统(Series)		
期(Age)	阶(Stage)		
时(Shron)	时带(Chronozone)		

1. 岩石地层单位

一个岩石地层单位应由岩性相对一致或相近的岩层组成，或为一套岩性复杂的岩层，但可以和相邻岩性相对的地层相区别。除此之外，一个岩石地层单位应有相对稳定的地层结构。一般一个阶段的地层单位是由一种结构类型的地层组成的，内部不分段的组也只是一种结构类型，内部分段的组可有多种结构类型。岩层地层单位包括群、组、段、层4级单位。

（1）组（Formation）。组是岩石地层单位系统的基本单位，是具有相对一致的岩性和具有一定结构类型的地层体。所谓岩性相对一致，是指组可以由一种岩性组成，也可以由两种岩性的岩层互层或夹层组成，或由岩性相近、成因相关的多种岩性的岩层组合而成，或为一套岩性复杂的岩层，但可与相邻岩性简单的地层单位相区分。组的顶底界线明显，它们可以是不整合界线，也可以是标志明显的整合界线，但组内不能有不整合界线。

（2）群（Group）。群为比组高一级的地层单位，为组的联合。其联合的原则是：岩性的相近、成因的相关、结构类型的相似等。一般一个群是由岩性相似、结构相近、成因相关的组联合而成的。群的顶底界线一般为不整合界线，或为明显的整合界线。

（3）段（Member）。段是比组低一级的地层单位，为组的再分。分段的原则是组内地层的岩性、结构、成因的差别。一般一个段是由岩性相同或相近、一种结构类型、成因相关的岩层组成的地层单位。段的顶底界线也应明显，一般是标志明显的整合界线。

（4）层（Bed）。层是最小的岩石地层单位，层有两种类型：一是岩性相同或相近的岩层组合，或相同结构的基本层序的组合，其可以用于野外剖面研究时的分层。二是岩性特殊、标志明显的岩层或矿层，其可以作为标志层或区域地质填图的特殊层。

在造山带构造变形和变质作用改造的地层区或克拉通的深变质岩区，由于变形和变质作用的改造，原始的地层顺序、位态及相互关系都发生了变化，很难再恢复原生的地层单位和地层系统，一般采用岩群、岩组、岩段的地层单位术语。岩群、岩组和岩段的划分原则与群、组、段不同，其主要依据地层的岩性组合、变形和变质程度等。岩群、岩组、岩段的顶底界线一般是断层（包括脆性断层和韧性断层）界线，或受断层改造的不整合界线。

任一地层区都可以建立从老到新的岩石地层单位系统。这个地层单位系统是客观存在的，也是地层学研究的基础性工作。所有的其他地层学工作都是建立在岩石地层单位和岩石地层单位系统基础上的。

2. 年代地层单位和地层系统

年代地层单位是以生物演化的自然阶段为主要依据划分的地层单位。由于生物的演化阶段具有不可逆性和全球一致的特征，因此，依据其演化的各个阶段而划分的年代单位具有严格的时间顺序和全球可比性。年代地层单位是以地层形成时代为依据的地层单位。除生物演化特征作为年代地层单位划分的主要依据外，放射性同位素年龄、磁性地层也是年代地层划分的重要依据。

年代地层单位是在特定的地质时间间隔内形成的地层体，这种单位代表地史中一定时间范围内形成的全部地层，而且只代表这段时间内形成的地层。每个年代地层单位都有严格对应的地质年代单位。年代地层单位自高而低可分为宇、界、系、统、阶、时带，它们和地质年代单位的宙、代、纪、世、期、时相对应。

（1）宇。宇是最大的年代地质单位，是与时间"宙"对应的年代地层单位。它是依据生物演化最大的阶段性，即生命物质的存在及方式划分的。由于地球早期的生命记录为原核细胞生物,之后的生命记录为真核细胞生物,最后才发展为高级的具硬壳的后生物。所有可以将整个地史时期分为太古宙、元古宙和显生宙。所对应的年代地层单位则为太古宇、元古宇和显生宇。宇是全球性统一的地层单位。

（2）界。界是第二级年代地层单位,也是全球性统一的地层单位。它是与时间"代"对应的年代地层单位,是根据生物界发展的总体面貌以及地壳演化的阶段性划分的。依据地壳演化的阶段性,太古宇划分为始、下、中、上太古界。元古宇划分为下、中、上元古界。而显生宇根据生物界演化和地壳演化的阶段性划分为下古生界、上古生界、中生界、新生界。

（3）系。系是低于界的年代地层单位,它对应于地质年代单位"纪"。纪的划分主要是依据生物界演化的阶段性。如晚古生代的泥盆纪以鱼类脊椎动物、裸蕨类植物,以及有显著变革的无脊椎动物为特色,故泥盆纪可以成为"鱼类的时代"。与泥盆纪对应的年代地层单位则为泥盆系。系是年代地层单位中最重要的单位,其具有全球可对比性,因此,系也是全球统一的。

（4）统。统是系内的次级地层单位,与地质年代单位"世"相对应。一般一个纪可以依据生物界面貌划分为2～3个世,通常称之为早、中、晚世。与之对应的年代地层单位则为下、中、上统。如泥盆纪划分为早、中、晚泥盆世,对应的年代地层单位为下、中、上泥盆统;白垩纪可分为早、晚白垩纪,对应的年代地层单位则为下、上白垩统。由于世所代表的地质时间仍较长,全球生物界面貌在较长时间范围内仍能保持一致,所以统仍是全球统一的。

（5）阶。阶是年代地层单位的最基本单位,其对应于地质年代单位"期"。期的划分主要是根据科、属级的生物演化特征划分的。如寒武纪可以分为10个期,对应的年代地层单位为10个阶。这些阶主要是根据寒武纪最繁盛的三叶虫动物群的演化划分的。阶的应用范围取决于建阶所选的生物类别,以游泳型、浮游型生物建的阶一般具全球可对比性,如奥陶系—志留系以笔石建的阶、中生代以菊石建的阶等。而以底栖型生物建的阶一般是区域性的,只能应用于一定的区域,如寒武系以底栖型生物三叶虫建的阶。

（6）时带。时带是年代地层单位中最低的单位,与地质年代单位"时"相对应,即时带是指一个"时"内所有的地层记录。时带是根据属、种级生物的演化划分的,因此时带一般以生物属或种来命名,如下寒武统的Redlichia时带是生物Redlichia属所占有时间间隔内的地层。以全球性分布的游泳生物或浮游生物划分的时带是全球性的,如菊石、牙形石时带等,而以底栖生物划分的时带一般是区域性的。

3. 生物地层单位

生物地层单位是根据地层中保存的生物化石划分的地层单位。生物地层单位是以含有相同的化石内容和分布为特征,并与相邻单位化石有别的三度空间地层体。生物地层单位为生物带,其包括级别相同的5种类型有:延限带、顶峰带、组合带、谱系带、间隔带等。

（1）延限带。延限带是指任一生物分类单位在整个延续时间范围之内所代表的地层体。其代表该生物分类单位从"发生"到"灭绝"所占有的地层。但在一个地层剖面上,延限带的界限仅仅是大概生物类别最早出现到最后消失的界限。因此延限带的确切界限应在所有剖面都调查清楚以后才能确定。

（2）顶峰带。顶峰带是指某些化石属、种最繁盛时期的一段地层,它不包括该类化石最初出现和最终消失时的地层。地层中化石属、种的最繁盛可以以3种方式表现:一是化石在特定时期,在一定的地理范围内富集,比起早期和晚期化石密度要大;二是化石在一定的地理分布范围中富集,单位面积中的化石个数基本上是常数,仅地理分布范围比早期和晚期大;三是化石仅仅在特定的环境中,在极窄的地理范围内富集,而在该化石所占的其他地区个体数却不多。这3种情况都可以形成繁盛期,繁盛期所代表的地层为顶峰带。因此,不同地区的繁盛期未必完全一致,只有通过等时性对比才能确定。

(3)组合带。组合带是指特有的化石组合所占有的地层。该地层中的所含的化石或其中某一类化石,从整体上说构成一个自然的组合,并且该组合与相邻地层中的生物化石组合有明显区别。组合带不是以某一化石类别延续的时间所占有的地层确定的,而是根据多种化石类别的共存多占有的地层确定的。

(4)间隔带。间隔带是指位于两个特定的生物面之间的地层体。该带不一定是某一个或几个生物分类单元的分布范围,而是通过这些生物界面限定的生物面来定义的。这些生物面通常包括生物化石的最高存在界面和最低存在界面。这两种界面任意组合限定的范围就是间隔带。如一个最高存在界面和一个最低存在界面限定的间隔带,两个最高存在界面限定的间隔带,两个最低存在界面限定的间隔带。

(5)谱系带。谱系带是含有代表进化谱系中某一特定化石的地层体。它既可以是某一化石分类单位在一个演化谱系中的延限,也可以是该化石分类单位后裔分类单位出现前的那段延限。谱系带的界限是通过演化谱系中化石的最低存在生物面来确定的。因此,谱系带代表了一个分类单元在演化谱系中的总体或部分延限。谱系带以该分类单元来命名。由于谱系带具有较强的时间性,因此多用于进行年代地层"时带"的划分。

生物带是生物地层单位的不同类别,不是具有包容或从属关系的级别。对一个地区来说,生物地层单位不是普遍建立的,各单位之间也不是一定连续的。那些因缺少化石而无法建立生物地层单位的地层,可以称之为"亚间隔带"。

二、古生物与化石

(一)古生物

地质学家把第四纪全新世(距今约一万年)以前的生物,称为古生物,亦即地史时期的生物,以后的生物即为现代生物。已被描述和鉴定的现代生物,大约有250万种,其中动物200万种,植物34万种,微生物约4万种,而已被记载的古生物化石种数为13万~20万种,只是现代生物种数的1/10。所以从地史角度来看,生物记录是极不完备的。

研究古生物的特征、分类及其发展演化规律的科学称为古生物学。古生物学的研究对象是化石。如果借助于显微镜才能识别古生物的个体(如孔虫、放射虫等)或古生物的个别器官(孢子花粉等),则称为微体古生物。研究他们的分支学科称为"微体古生物学"。

(二)化石

由于自然作用而保存于地层中的古生物的遗体和遗迹称为化石。古生物被埋藏以后,随着沉积物的压实、固结成岩的过程而被石化,这种已石化的古生物遗体和遗迹即为化石。前者称为遗体化石,后者称为遗迹化石。石化作用主要有两种类型:一种是生物硬体被矿物质充填或置换变得致密坚硬,如石质,据填充或置换的物质成分可分为钙化、硅化、黄铁矿化等,其中最常见者为钙化;另一种是在埋藏过程中,生物遗体的易挥发成分(氢、氧、氮)经生馏作用逸去,只留下碳质薄膜并保存为化石,这种作用称为碳化。

并不是所有的古生物遗体和遗迹都能形成化石。形成化石要具备3个条件(不包括化学化石和孢子花粉):①最好有硬体或纤维,生物的硬体部分(如介质、骨骼、植物的纤维等)一般由矿物质组成,不易氧化腐蚀,较利于保存形成化石;②生物死后,其遗体或遗迹必须被沉积物迅速掩埋,不致于被其他生物蚕食或因裸露遭氧化腐烂、溶蚀和被毁坏;③要有足够的时间发生石化。所以,实际上只有一小部分古生物能够被保存并成为化石。另外,人们发现的化石仅仅是地层中保存化石的一部分,因而,再根据所发现的化石资料来研究古生物的面貌及其演化发展时,必须考虑到化石记录的不完备性。

根据化石的保存特点,大体上可以将化石分为四大类。

(1)实体化石:是指经石化作用保存下来的全部生物遗体或一部分遗体的化石。在个别极为特殊的情况下,生物的硬体和软件可以无显著变化,比较完整地保存下来。例如,1901年在西伯利亚第四纪(约2.5万年前)冻土层里发现的猛犸象化石,不仅其骨骼完整,皮、毛、血、肉,甚至胃中食物也都完整保存下来。

(2)模铸化石:是指生物遗体在岩层中的印模和铸型。根据其与围岩的关系,又可分为印痕化石、印模化石、核化石和铸型化石。

(3)遗迹化石:是指保存在岩层中古代生物生活活动留下的痕迹和遗物。遗迹化石很少与遗体化石同时发现,但它对于研究生物活动方式、习性及恢复古环境具有重要意义。

(4)化学化石:地史时期生物有机质软体部分遭受破坏未能保存为化石,但分解后的有机成分,如脂肪酸、氨基酸等仍可残留在岩层中。这些物质仍具有一定的有机化学分子结构,虽然常规方法不易识别,但借助于一些现代化的手段和分析设备,仍能把它们从岩层中分离或鉴别出来,进行有效的研究。

(三)生命起源

生命起源问题是自然科学的重大基础课题之一,地质学担负着解决这一问题的神圣使命。关于生命的起源,学者们推测可能有两种途径。一种途径是,银河系别的星球的生命(细菌或孢子)通过辐射压力或者附着于陨石上传播到地球,而后发展演化。所依据的基本事实是在宇宙中发现有机分子存在;另一种途径,也是多数学者所认为的生物的形成和发展在地球上进行的。地球上的无机物在特定的物理化学条件下,形成了各种有机化合物,这些有机化合物后来经过一系列的变化,最后转化为有机体。

(四)生物的演化

1.生物进化的一般规律

(1)进步性。一切生物都起源于原始的单细胞祖先。以后在漫长的地质年代中,由于遗传、变异和自然选择,生物的体制日趋复杂和完善,分支类别越来越多。地层中的化石记录虽不完备,但足以说明自从生命在地球上出现以来,生物界经历了一个由少到多、由简单到复杂、由低级到高级的进化过程,这是一种上升的进步性发展。同时生物发展是有阶段性的,这种阶段性进化是指生物由原核到真核,从单细胞到多细胞,多细胞生物逐步改善其体制的发展过程。

(2)进化的不可逆性。生物界是前进行发展的生物进化历史又是新陈代谢的历史,旧类型不断死亡,新类型相继兴起。已演变的生物类型不可能恢复雏型,已灭亡的类型不可能重新出现,这就是进化的不可逆性。

(3)适应与特化。生物在其形态结构以及生理机能储存方面反映其生活环境与生活方式的现象,是自然选择保留生物机能的有利变异,淘汰其不利变异的结果,是生物对环境的适应。一种生物对某种生活条件特殊适应的结果,使它在形态和生理上发生局部的变异,其整个身体的组织结构和新陈代谢水平并无变化,这种现象叫做特化。例如哺乳动物的前肢,在特定生活方式影响下,有的变为鳍状,适于游泳;有的变为翼状飞翔;有的变为蹄状,适于奔驰。

(4)成种方式。种的形成方式有两种:一种是渐变式(线系渐变);另一种是突变式。达尔文认为种形成的主要原因是遗传、变异的自然选择。自然选择的作用使微小在极其漫长的世代遗传中积累出线性分歧,进而在遗传中积累达到种的等级,就形成了新种。他认为自然界没有飞跃,达尔文的这种观念被称为渐变论。

间断平衡论认为生物演化是突变(间断)与渐变(平衡)的辩证统一。它所研究的是生物演化的速度和方式。关于演化方式,间断平衡论认为,重要的演变与分支成种事件同时发生,而不是主要通过种系的逐渐转变完成的。关于演化速度,间断平衡论强调以地质时间的观点来看,分支成种事件是地史中的瞬间事件,并且在分支成种事件之后通常有一个较长时期(几百万年)的停滞或渐变演化。间断平衡论强调成种作用的重要性,主要的演化过度集中在成种时期。间断平衡论不否认线系演化,但认为它属于次要地位。

2.早期生物的发生和演化

保存于地球上前寒武纪岩石中的化石为早期生物演化提供了证据。这些化石证据表明早期生物演化存在4次飞跃。

第一次飞跃是最早生物的出现。尽管地球年龄约46亿年,但生物化石仅在35亿年以后的地层中发现。澳大利亚皮巴尔(Pilbara)的Warrawoona群(35亿年)碳质燧石中发现于叠层的丝状细菌是目前发现最早的可靠化石记录;在南非昂威瓦特系(OnverwachtSeries,约34亿年)也发现了可能为蓝藻和细菌的球形或椭圆形有机体。这些最早的化石记录是从非生物的化学物质向生物进化转变时出现的最早生物。

第二次飞跃是早期生物分异,即多样性的增加。加拿大Ontario西部苏必利尔湖沿岸的前寒武纪Gunflint组(20亿年)中发现了8属12种的微化石。这些生物的存在证实经过10亿年的演化,原核生物已发展到相当繁盛的程度,这可能与后期富氧大气圈的出现有关。

第三次飞跃是从原核生物演化出真核生物。在澳大利亚北方Amadens盆地的Bitter Springs组(10亿年)的燧石中,发现了4个属的微化石。在我国华北雾迷山组(12亿~14亿年)的黑色燧石中发现真核的多核体型藻类,属于绿藻纲管藻目多毛藻科,在印度、美国、加拿大等国家时代大体相同的地层中均有发现,说明此时生物真核已较多。在我国距今17.5亿年的串岭沟组中发现属于真核生物的宏观藻类(Vendotaenides),这表明真核生物的出现在18亿年之前,而真核生物的大量繁盛在10亿年钱。

第四次飞跃是在后生动物的出现。后生动物出现的时期一般认为在距今5.6亿年,主要是软躯体的腔肠动物、蠕形动物中的一些门类。澳州南部的艾迪卡拉动物群就是一个代表。艾迪卡拉动物群(5.6亿年)中,腔肠动物占67%,包括水母、水螅、锥石、钵水母类及珊瑚虫纲的代表;环节动物占5%;还有其他亲缘关系不明的化石和痕迹化石。该动物群分子在西南非洲纳马群、加拿大的康塞普辛群、西伯利亚北部文德系、英国强伍德森林地区、瑞典北部的托内湖区及澳洲艾迪卡拉系上部等都有发现。

3.显生宙生物的演化

1)寒武纪生物大爆发

艾迪卡拉纪末期出现了具外壳的多门类海生无脊椎动物,称小壳动物群,在寒武纪处大量繁盛。其特征是个体微小(1～2mm),主要有软舌螺、单板类、腕足类、腹足类及分类位置不明的棱管壳等。小壳动物群处于一个特殊的阶段,它是继艾迪卡拉动物群之后首次出现的带壳生物,动物界从无壳到有壳的演化是生物进化史上的又一次飞跃,是寒武纪生物大爆发的第一幕。寒武纪生物大爆发的第二幕以产于我国云南澄江地区寒武纪早期地层中的"澄江动物群"(5.3亿年)为代表。澄江动物群的组成有三叶虫、金臂虫类、水母、蠕虫类、甲壳纲,分类位置不清楚的非三叶虫节肢动物、腕足类和藻类等。保存有软体的有Nayaoia、水母类、蠕虫类及非三叶虫的节肢动物等,现已定名159属180种。其中许多动物的软体印痕化石保存极好,栩栩如生,能提供有关生物解剖、生态、亲缘等多方面的珍贵信息,比世界著名的加拿大不列颠哥伦比亚中寒武世布杰斯岩动物群早了1 000万～1 500万年。在寒武纪初不到地球生命发展的1%的"瞬间",创生出99%的动物门类,真可谓"创造门类的时代"。

2)动植物从水生到陆生的发展

在志留纪及其以前的植物都是低等的菌藻类,完全生活在水中,无器官的分化。志留纪末期至早、中泥盆世,地壳上陆地面积增大,植物界由水域扩展到陆地。此时植物体系逐渐有了茎、叶的分化,出现了原始的维管束输导系统,茎表皮角质化及具气孔等,这些特征使植物能够适应陆地较干燥的环境并不断演化发展,生存空间不断向陆地内部延伸。具有叶子的植物在中泥盆世大量出现,晚泥盆世已出现显花植物的古老代表。"鱼形"化石在早寒武世澄江动物群中已出现,为无颌类。有颌类最早出现于中志留世,它的出现是脊椎动物进化史上的一件大事,它使脊椎动物能够有效地捕鱼食。志留纪晚期脊椎动物开始从海洋登陆,总鳍鱼类的骨鳞鱼可能是四足动物的祖先。从总鳍鱼类向两栖类过渡性质的化石发现于晚泥盆世地层中。完全摆脱水生变为陆生,两栖类演化到爬行类。爬行动物在胚胎发育过程中产生一种纤维质厚膜,称为羊膜,它包括整个胚胎,形成羊膜囊,其中充满羊水,使胚胎悬浮在液态环境中,能防止干燥和机械损伤。羊膜卵的出现使四足动物征服陆地成为可能,并向各种不同的栖居地纵深分布和演变发展,是脊椎动物进化史上的又一件大事。

(五)化石的分类与命名

古今生物种类繁多、形态多样,为了便于系统研究,必须指出他们之间的亲疏关系进行分类研究。按照生物亲缘关系所作的分类称为自然分类。但由于古生物化石保存常不完整或难以像现生生物那样直接确定其亲缘关系,因此只能按照化石之间形态上的表面相似性作人为分类。

1.分类等级

古生物化石的分类采用与现代生物相同的分类等级和分类单元,其主要分类等级是:界(kingdom)、门(phylum)、纲(class)、目(order)、科(family)、属(genus)、种(species)。除这些主要分类单元外,还可插入各种辅助单位,如亚门、亚纲、亚科、亚属、亚种和超纲、超目、超科等。

种(物种)是生物学与古生物学的基本分类单元,它不是人为的单位,而是生物进化过程中客观存在的实体。生物学上的种是由杂交可繁殖后代的一系列自然居群所组成的,它们与其他类似机体在生殖上是隔离的。同一个种有共同的起源、共同的形态特征,分布于同一地

区和适应于一定的生态环境。化石种的概念与生物学相同,但由于对化石不能判断是否存在生殖隔离,因此,化石种更着重以下特征:共同的形态特征;构成一定的居群;居群具有一定的生态特征;分布于一定的地理范围。

属是种的综合,包括若干同源的和形态构造、生理特征近似的种。一般认为,属也同样应是客观的自然单元,代表生物进化的一定阶段。

2. 命名

所有经过研究的生物都要给予科学的名称,即学名。学名要根据国际动物、植物、菌类学命名法规和有关文件规定来建立。各级分类单元均采用拉丁文或拉丁语的文字来表示。属(及亚属)以上的单位学名用一个词来表示,即单名法,其中第一个字母大写;种的名称则用两个词来表示,即双名法,在种本名前加上它所归属的属名才能构成一个完整的种名,种名的第一个字母应小写,但种名前的属名的第一个字母仍是大写。在印刷和书写时,属和属以下单元的名称字母用斜体来表示,属之上的名称用正体。为了便于查阅,在各级名称之后,用正体字写上命名者的姓氏和命名时的公历年号,两者间以逗点隔开,如SquamulariagrandisChao,1929。

以虎为例,其分类系统和名称体系如下:

界　Kingdom Animalia Linnaeus,1758(动物界)

门　Phylum Chordata Haeckel,1874(脊索动物门)

亚　Subphylum Vertebrata Linnaeus,1758(脊索动物亚门)

纲　Class Mammalia Linnaeus,1758(哺乳纲)

目　Order Carnaivora Bowdich,1821(食肉目)

科　Family Falidae Fischer and Waldheim,1817(猫科)

属　Genus Panthera Oken,1816(豹属)

种　Species Panthera Tigris Linnaeus,1758(虎种)

生物命名法规中有一条重要的原则是优先率,即生物的有效学名是符合国际动物、植物和菌类学命名法规所规定的最早正式刊出的名称。遇有同一个生物有两个或更多名称构成同物异名,或不同生物共有同一个名称构成异物同名时,应依优先率选取最早正式发布的名称。

3. 古生物学分类系统

古生物学的分类系统是以化石形态和结构的相似程度为基础的。它是以许多形态学上的相似性和差异性的总和为基础的,基本上能反映生物界的自然亲缘关系,因而被称为自然分类系统。按照这种分类方法,把具有共同构造特征的生物(包括化石)归为一类,把具有另外一些共同特征的生物归为另一类。当前古生物研究中一般多采用二界系统分类方案,即将所得化石分别归入动物界和植物界。

第四节　矿物和岩石

一、矿物

地壳中的各种化学元素,在各种地质作用下不断进行化合,形成各种矿物。矿物的含义包括这样几点内容：①矿物是在各种地质作用下或者说在各种自然条件下形成的自然产物，比如在岩浆活动过程中，在风化作用过程中，或者在湖泊、海洋的作用下都可形成矿物；②矿物具有相对固定和均一的化学成分（大多数是化合物，少部分是单质元素）及物理性质，在一定程度上讲，矿物是一种自然产生的均质物体；③矿物不是孤立存在的，而是按照一定的规律结合起来形成各种岩石。所以说矿物是在各种地质作用下形成的具有相对固定化学成分和物理性质的均质物体，是组成岩石的基本单位。

绝大部分矿物具有晶体结构，只有一小部分矿物属于胶体矿物。例如食盐，它具有相对固定的化学成分（因其中常含有不定量的杂质，所以说是相对固定），即NaCl，也具有相对均一的物理性质，如透明、硬度很小、立方形晶体、溶于水、味咸等。在一定的自然条件下（如内陆湖泊在干燥气候条件下蒸发沉淀）可以形成食盐。所以说，食盐是一种矿物。又如食糖，它具有一定的化学成分和物理性质（如透明、硬度小、溶于水、味甜等），但在自然条件下不能形成食糖，因此食糖不是矿物。许多人工合成的化学药品虽都各有其化学成分和物理特性，但均不算作矿物。如果某些人工制造的化合物，而这种化合物在自然界也是存在的，则可称之为人工矿物或合成矿物，如人造金刚石、人造红宝石、人造水晶等。

近年来，随着科学技术的发展，矿物的范围扩大了，包括地球内层及宇宙空间所形成的自然产物。如组成陨石、月球岩石和其他天体的矿物，称为陨石矿物或宇宙矿物。

矿物是人类生产资料和生活资料的重要来源之一，是构成地壳岩石的物质基础。自然界里的矿物很多，大约有3 000种，但最常见的只有五六十种，至于构成岩石主要成分的只不过二三十种。组成岩石主要成分的矿物，称造岩矿物。它们共占地壳重量的99%。各种矿物都具有一定的外表特征——形态和物理性质，可以作为鉴别矿物的依据。

（一）矿物的集合体形态

自然界矿物可呈单独晶体出现，但大多数是以矿物晶体、晶粒的集合体或胶体形式出现的。集合体形态往往具有鉴定特征的意义，有时候还反映矿物的形成环境。现将主要的集合体形态分述如下。

1）粒状集合体

由粒状矿物所组成的集合体，如雪花石膏是由许多石膏晶粒组成的集合体，花岗岩是由石英、长石、云母等晶粒组成的集合体。粒状集合体多半是从溶液或岩浆中结晶而成的，当溶液达到过饱和或岩浆逐渐冷却时，其中即发生许多"结晶中心"，晶体围绕结晶中心自由发展，及至进一步发展受到周围阻碍，便开始争夺剩余空间，结果形成外形不规则的粒状集合体。

2）片状、鳞片状、针状、纤维状、放射状集合体

如石墨、云母等常形成片状、鳞片状集合体，石棉、石膏等常形成纤维状集合体，还有些矿物常形成针状、柱状、放射状集合体。

3）致密块状体

由极细粒矿物或隐晶矿物形成的集合体，表面致密均匀，肉眼不能分辨晶粒彼此界限。

4）晶簇

生长在岩石裂隙或空洞中的许多单晶体所组成的簇状集合体叫晶簇。它们一端固着于

共同的基底上，另一端自由发育而形成良好的晶形。常见的有石英晶簇、方解石晶簇等，生长晶簇的空洞叫晶洞。许多良好晶体和宝石是在晶洞中发育而成的。

5）杏仁体和晶腺

矿物溶液或胶体溶液通过岩石气孔或空洞时，常常从洞壁向中心层层沉淀，最后把孔洞填充起来，其小于2cm者通称杏仁体，大于2cm者可称晶腺。如玛瑙往往以此形态产出。

6）结核和鲕状体

矿物溶液或胶体溶液常常围绕着细小岩屑、生物碎屑、气泡等由中心向外层层沉淀而形成球状、透镜状等集合体，称为结核。常见的有黄铁矿、赤铁矿、磷灰石等结核，在黄土中常有石灰（方解石）结核。其大小可由数厘米到数十厘米，甚至更大。如果结核小于2mm，形同鱼子状，具同心层状构造，叫鲕状体，鲕状体常彼此胶结在一起，如鲕状赤铁矿、鲕状铝土矿等。

7）钟乳状、葡萄状、乳房状集合体

这些形态大多数是某些胶体矿物所具有的特点。胶体溶液因蒸发失水逐渐凝聚，因而在矿物表面围绕凝聚中心形成许多圆形的、葡萄状的、乳房状的小突起。如石灰洞中由$CaCO_3$形成的钟乳石、石笋以及褐铁矿、软锰矿、孔雀石等表面常具此形态。

8）土状体

疏松粉末状矿物集合体，一般无光泽。许多由风化作用产生的矿物，如高岭土等，常呈此形态。

9）被膜

不稳定矿物因受风化作用在其表面往往形成一层次生矿物的皮壳，称为被膜。如各种铜矿表面常有一层因氧化作用而产生的翠绿色孔雀石及天蓝色蓝铜矿的被膜。

此外，我们在岩石裂缝中还常发现一种黑色的树枝状物质，酷似植物化石，但缺少植物应有的结构（如叶脉等），称为假化石。这是由氧化锰等溶液沿着裂缝渗透沉淀而成的。

（二）矿物的物理性质

由于矿物的化学成分不同，晶体构造不同，从而表现出不同的物理性质。其中有些必须借助仪器测定（如折光率、膨胀系数等），有些则可凭借感官即能识别，后者是肉眼鉴定矿物的重要依据。

1）颜色

矿物具有各种颜色，如赤铁矿、黄铁矿、孔雀石、蓝铜矿、黑云母等都是根据颜色命名的。

因矿物本身固有的化学组成中含有某些色素离子而呈现的颜色，称为自色。具有自色的矿物，颜色大体固定不变，因此是鉴定矿物的重要标志之一。如矿物中含有Mn^{4+}，呈黑色；含有Mn^{2+}，呈紫色；含有Fe^{3+}，呈殷红色或褐色；含有Cu^{2+}，呈蓝色或绿色，等等。

有些矿物的颜色，与本身的化学成分无关，而是因矿物中所含的杂质成分引起的，称为他色。如纯净水晶（SiO_2）是无色透明的，若其中混入微量不同的杂质，即可具有紫色、粉红色、褐色、黑色等。无色、浅色矿物常具他色，他色随杂质不同而改变，因此一般不能作为矿物鉴定的主要特征。

有些矿物的颜色是由某些化学的和物理的原因而引起的。如片状集合体矿物常因光程差引起干涉色，称为晕色，如云母；容易氧化的矿物在其表面往往形成具一定颜色的氧化薄膜，称为锖色，如斑铜矿。以上都统称为假色。

2）条痕

矿物粉末的颜色称为条痕。通常是利用条痕板（无釉瓷板），观察矿物在其上划出的痕迹的颜色。由于矿物的粉末可以消除一些杂质和物理方面的影响，所以比其颜色更为固定。有些矿物如赤铁矿，其颜色可能有赤红、黑灰等色，但其条痕则为殷红色，是一致的；有些矿物如黄金、黄铁矿，其颜色大体相同，但其条痕则相差很远，前者为金黄色，后者则为黑色或黑绿色。因此，条痕在鉴定矿物上具有重要意义。

3）光泽

矿物表面的总光量或者矿物表面对于光线的反射形成光泽。光泽有强有弱，主要取决于矿物对于光线全反射的能力。光泽可以分为以下几种。

（1）金属光泽矿物表面反光极强，如同平滑的金属表面所呈现的光泽。某些不透明矿物，如黄铁矿、方铅矿等，均具有金属光泽。

（2）半金属光泽较金属光泽稍弱，暗淡而不刺目。如黑钨矿具有这种光泽。

（3）非金属光泽是一种不具金属感的光泽。又可分为：

金刚光泽——光泽闪亮耀眼。如金刚石、闪锌矿等的光泽。

玻璃光泽——像普通玻璃一样的光泽。大约占矿物总数70%的矿物，如水晶、萤石、方解石等具此光泽。

此外，由于矿物表面的平滑程度或集合体形态的不同而引起一些特殊的光泽。有些矿物（如玉髓、玛瑙等）呈脂肪光泽；具片状集合体的矿物（如白云母等），常呈珍珠光泽；具纤维状集合体的矿物（如石棉及纤维石膏等），则呈丝绢光泽；而具粉末状的矿物集合体（如高岭石等），则暗淡无光，或称土状光泽。

4）透明度

指光线透过矿物多少的程度。矿物的透明度可以分为3级。

（1）透明矿物：矿物碎片边缘能清晰地透见他物，如水晶、冰洲石等。

（2）半透明矿物：矿物碎片边缘可以模糊地透见他物或有透光现象，如辰砂、闪锌矿等。

（3）不透明矿物：矿物碎片边缘不能透见他物，如黄铁矿、磁铁矿、石墨等。

一般所说矿物的透明度与矿物的大小厚薄有关。大多数矿物标本或样品，表面看是不透明的，但碎成小块或切成薄片，却是透明的，因此不能认为是不透明。

透明度又常受颜色、包裹体、气泡、裂隙、解理以及单体和集合体形态的影响。例如无色透明矿物，其中含有众多细小气泡就会变成乳白色；又如方解石颗粒是透明的，但其集合体就会变成不完全透明；等等。

5）硬度

指矿物抵抗外力刻划、压入、研磨的程度。根据硬度高的矿物可以刻划硬度低的矿物的道理，德国摩氏（F·Mohs）选择了10种矿物作为标准，将硬度分为10级，这10种矿物称为"摩氏硬度计"（表2-5）。

摩氏硬度计只代表矿物硬度的相对顺序，而不是绝对硬度的等级，如果根据力学数据，滑石硬度为石英的1/3 500，而金刚石硬度为石英的1 150倍。尽管如此，但利用摩氏硬度计测定矿物的硬度是很方便的。例如，将欲测定的矿物与硬度计中某矿物（假定是方解石）相刻划，若彼此无损伤，则硬度相等，即可定为3；若此矿物能刻划方解石，但不能刻划萤石，相反却为萤石所刻划，则其硬度当在3~4之间，因此可定为3.5。以此类推。

表2-5　摩氏硬度计

矿物名称	化学组成	硬度	矿物名称	化学组成	硬度
滑石	$Mg_3[Si_4O_{10}][OH]_2$	1	正长石	$K[AlSi_3O_8]$	6
石膏	$CaSO_4 \cdot 2H_2O$	2	石英	SiO_2	7
方解石	$CaCO_3$	3	黄玉	$Al_2[SiO_4][F,OH]_2$	8
萤石	CaF_2	4	刚玉	Al_2O_3	9
磷灰石	$Ca_5[PO_4]_3[F,Cl]$	5	金刚石	C	10

在野外工作,还可利用指甲(2~2.5)、小钢刀(5~5.5)等来代替硬度计。据此,可以把矿物硬度粗略分成软(硬度小于指甲)、中(硬度大于指甲,小于小刀)、硬(硬度大于小刀)三等。有少数矿物用石英也刻划不动,可称为极硬,但这样的矿物比较少。

测定硬度时必须选择新鲜矿物的光滑面试验,才能获得可靠的结果。同时要注意刻痕和粉痕(以硬刻软,留下刻痕;以软刻硬,留下粉痕),不要混淆。对于粒状、纤维状矿物,不宜直接刻划,而应将矿物捣碎,在已知硬度的矿物面上摩擦,视其有否擦痕来比较硬度的大小。

6)解理

在力的作用下,矿物晶体按一定方向破裂并产生光滑平面的性质叫做解理。沿着一定方向分裂的面叫做解理面。解理是由晶体内部格架构造所决定的。例如石墨,在不同方向碳原子的排列密度和间距互不相同,竖直方向质点间距等于水平方向质点间距的2.5倍。质点间距越远,彼此作用力越小,所以石墨具有一个方向的解理,即一向解理。

有的矿物具有二向、三向、四向或六向解理,如食盐具有3个方向的解理,萤石具有4个方向的解理。

不同的矿物,解理程度也常不一样。在同一种矿物上,不同方向的解理也常表现不同的程度。根据劈开的难易和肉眼所能观察的程度,解理可分为下列等级。

(1)最完全解理:矿物晶体极易裂成薄片,解理面较大而平整光滑,如云母、石膏等。

(2)完全解理:矿物极易裂成平滑小块或薄板,解理面相当光滑,如方解石、石盐等。

(3)中等解理:解理面往往不能一劈到底,不很光滑,且不连续,常呈现小阶梯状,如普通角闪石、普通辉石等。

(4)不完全解理:解理程度很差,在大块矿物上很难看到解理,只在细小碎块上才可看到不清晰的解理面,如磷灰石等。

(5)极不完全解理(无解理):如石英、磁铁矿等。

对具有解理的矿物来说,同种矿物的解理方向和解理程度总是相同的,性质很固定,因此,解理是鉴定矿物的重要特征之一。

7)断口

矿物受力破裂后所出现的没有一定方向的不规则的断开面叫做断口。断口出现的程度是跟解理的完善程度互为消长的,即一般说来,解理程度越高的矿物不易出现断口,解理程度越低的矿物才容易形成断口。

根据断口的形状,可以分为贝壳状断口、锯齿状断口、参差状断口、平坦状断口等。其中最常见的为在石英、火山玻璃上出现的具同心圆纹的贝壳状断口。一些自然金属矿物常出现尖锐的锯齿状断口。

8)脆性和延展性

矿物受力极易破碎,不能弯曲,称为脆性。这类矿物用刀尖刻划即可产生粉末。大部分矿物具有脆性,如方解石。

矿物受力发生塑性变形,如锤成薄片、拉成细丝,这种性质称为延展性。这类矿物用小刀刻划不产生粉末,而是留下光亮的刻痕。如金、自然铜等。

9)弹性和挠性

矿物受力变形、作用力失去后又恢复原状的性质,称为弹性。如云母,屈而能伸,是弹性最强的矿物。矿物受力变形、作用力失去后不能恢复原状的性质,称为挠性。如绿泥石,屈而不伸,是挠性明显的矿物。

10)密度

矿物重量与4℃时同体积水的重量比,称为矿物的密度。矿物的化学成分中若含有原子量大的元素或者矿物的内部构造中原子或离子堆积比较紧密,则密度较大;反之,则密度较小。大多数矿物密度介于2.5~4之间;一些重金属矿物常在5~8之间;极少数矿物(如铂族矿物)可达23。

11)磁性

少数矿物(如磁铁矿、钛磁铁矿等)具有被磁铁吸引或本身能吸引铁屑的性质。一般用马蹄形磁铁或带磁性的小刀来测验矿物的磁性。

12)电性

有些矿物受热生电,称热电性,如电气石;有些矿物受摩擦生电,如琥珀;有的矿物在压力和张力的交互作用下产生电荷效应,称为压电效应,如压电石英。压电石英已被广泛地应用于现代科学技术方面。

13)发光性

有些矿物在外来能量的激发下发生可见光,若在外界作用消失后停止发光,称为萤光。如萤石加热后产生蓝色萤光;白钨矿在紫外线照射下产生天蓝色萤光;金刚石在X射线照射下亦发生天蓝色萤光。有些矿物在外界作用消失后还能继续发光,称为磷光,如磷灰石。利用发光性可以探查某些特殊矿物(如白钨矿)。

14)其他性质

有些矿物具易燃性,如琥珀;有些易溶于水的矿物具有咸、苦、涩等味道;有些矿物具有滑腻感;有些矿物如受热或燃烧后产生特殊的气味。

总之,充分利用各种感官,并通过反复实践,抓住矿物的主要特征,就可逐渐达到掌握肉眼鉴定重要矿物的目的。肉眼鉴定矿物是进一步鉴定的基础,也是野外工作所需要掌握的。

二、岩石

(一)岩石及其成因分类

岩石(rock)是由矿物或类似矿物(mineraloids)的物质(如有机质、玻璃、非晶质等)组成的固体集合体。多数岩石是由不同矿物组成,单矿物的岩石相对较少。

岩石不仅是地球物质的重要组成部分,也是类地行星的组成部分,目前人类不仅能获得地球一定深度范围的岩石样品而且也获得了月岩和陨石的样品。岩石一般是指自然界产出的;人工合成的矿物集合体,如陶瓷等不叫岩石,称作工业岩石,不在本教材学习的范围。

自然界的岩石可以划分为三大类:火成岩、沉积岩和变质岩。

1)火成岩(igneous rocks)

火成岩是由地幔或地壳的岩石经熔融或部分熔融(partial melting)的物质,也就是岩浆(magma)冷却固结形成的。岩浆可以是由全部为液相的熔融物质组成,称为熔体(melt);也可以含有挥发分及部分固体物质,如晶体及岩石碎块。岩浆固结(solidified)的过程是从高温炽热的状态降温并伴有结晶作用的过程。通常称为岩浆固结作用。

2)沉积岩(sedimentary rocks)

沉积岩形成于地表的条件,它是由:①化学及生物化学溶液及胶体的沉淀;②先存的岩石经剥蚀及机械破碎形成岩石碎屑、矿物碎屑或生物碎屑再经过水、风或冰川的搬运作用,最后发生沉积作用;③上述两种作用的综合产物。它们常常形成层状,总称为沉积作用。沉积岩形成过程中也可以有结晶作用的发生,但不同于火成岩的结晶作用。前者结晶于地表或近地表的温度、压力条件,而且是在水溶液或胶体溶液中结晶的。多数沉积岩经历过胶结、压实和再结晶作用。

3)变质岩(metamorphic rocks)

变质岩是由火成岩及沉积岩经过变质作用形成的。它们的矿物成分及结构构造都因为温度和压力的改变以及应力的作用而发生变化,但它们并未经过熔融的过程,主要是在固体状态下发生的。变质岩形成的温压条件介于地表的沉积作用及岩石的熔融作用之间。三大类岩石的野外特征对比见表2-6。

表2-6　三大类岩石野外特征对比简表

野　外　特　征		
火成岩	沉积岩	变质岩
1.形成火山及各类熔岩流。 2.形成岩脉、岩墙、岩株及岩基等形态并切割围岩。 3.对围岩有热的影响致使其重结晶,发生相互反应及颜色改变。 4.在与围岩接触处火成岩体边部有细粒的淬火边。 5.除火山碎屑岩外,岩体中无化石出现。 6.多数火成岩无定向构造,矿物颗粒成相互交织排列。	1.在野外呈层状产生,并经历分选作用。 2.岩层表面可以出现波痕、交错层、泥裂等构造。 3.岩层在横向上延续范围很大。 4.沉积岩地质体的形态可能与河流、三角洲、沙洲、沙坝的范围相近。 5.沉积岩的固结程度有差别,有些甚至是未固结的沉积物。	1.岩石中的砾石、化石或晶体受到了破坏。 2.碎屑或晶体颗粒拉长,岩石具定向构造,但也有少数无定向构造的变质岩。 3.多数分布于造山带、前寒武纪地质中。 4.可以分布于火成岩体与围岩的接触带。 5.岩石的面理方向与区域构造线方向一致。 6.大范围的变质岩分布区矿物的变质程度有逐渐改变的现象。

三大类岩石的划分是根据自然界岩石的特征及形成作用的差异进行的,然而由于自然界的许多作用具有连续性及过渡性,所以这三大类之间也具有过渡类型的岩石。例如,火山作用喷出的火山灰及火山碎屑经冷却及固结形成的岩石应属与岩浆喷出作用有关的火成岩,但当上述物质,包括玻璃质碎屑,矿物及岩石碎屑在喷发时从空中降落至地表,甚至经过风力或水力搬运一段距离后沉积在地表,有时具有明显的层状,那么这类岩石就表现出具有火成岩与沉积岩的过渡类型的特征。又如,在大洋中脊附近,在一些部位浅、规模小的超镁铁质—镁铁质的岩浆房中,由于周围是富水的沉积物,因而岩浆在结晶时遭受了水化作用(hydration),致使相当部分的橄榄石变为蛇纹石或在水的参与下直接结晶成蛇纹石。一般的蛇纹岩属于变质岩范畴,但这种成因的蛇纹岩则受控于特殊环境下岩浆的固结作用,可以看作是岩浆作用与变质作用的过渡类型。此外,混合岩(migmatite)是一种由浅色和暗色的两种岩石组成的,暗色的是先存的变质岩,而浅色的是经就地熔融产生的富硅、铝质的火成岩,它们是两种不同作用形成的过渡类型,但通常将其列入变质岩类中。沉积岩经历了成岩作用后,若埋藏深度逐渐变大,受地温梯度的影响,温度也随压力加大而增高,由于条件改变,沉积岩中的矿物会转变为新的矿物类型,部分结构构造也相应发生变化。这种作用则与变质作用中的埋藏变质及低度变质过渡,而所形成的岩石类型也呈现出了过渡的特点。

概括地说,先存的变质岩、岩浆岩及埋深较大的沉积岩可以在高温条件下发生熔融或部分熔融形成岩浆,岩浆固结成火成岩。先存的火成岩、沉积岩和变质岩暴露于地表后经过剥蚀、机械破碎、搬运和沉积可以形成沉积岩。先存的火成岩及沉积岩在温度、压力及应力的作用下可以发生变质形成变质岩。这3种岩石可以相互转化,3种作用可以相互过渡,但它们之间又有较明显的差异。

(二)火成岩

1.火成岩的野外特征

1)侵入岩的野外产状

野外工作中遇到火成岩时,首先要区分是侵入岩还是火山岩,也就是要确定它们在形成及开始冷凝时是产于当时的地表之下,或是已经出露于地表之上。1870年Gilbert最早在美国犹他州的Henery山观察到火成岩侵位于沉积岩中的现象,上覆的顶板沉积岩被火成岩推挤向上隆起,而岩体的底板沉积岩仍保持水平。该岩体延伸8km,厚度为1 000m。这样证明了岩浆不仅可直接喷出地表,也可以侵位于地层之中,而在此之前,火成岩的侵入产状并未获得共识。

侵入岩首先可据其与围岩的接触关系分为整合侵入体和不整合侵入体。当侵入体与围岩的接触面基本上平行于围岩的层理或片理时,称为整合侵入体。前述的底劈作用主要形成整合侵入体。沿岩浆通道侵入地壳的高密度低粘度的岩浆(基性、超基性岩浆),在遇到低密度的盖层阻挡时,亦可顺着层理方向侧向侵位,形成岩席、岩盆、岩盖等形态的整合侵入体。相反,如果侵入体切割围岩片理、层理,接触面产状与围岩片理和层理产状不一致,则称为不整合侵入体。以顶蚀、火口沉陷方式侵位的侵入体及沿构造裂隙贯入的侵入体多为不整合侵入体。

进一步据侵入体的形态、大小分为以下几类。

(1)岩基(Batholith):是最大的巨型侵入体,面积大于100km²,可达数万平方千米,如我国海南岛的琼中岩基,面积达5 000多平方千米。

(2)岩株(Stock):面积小于100km²的侵入体,岩株边缘常有一些不规则的树枝状岩体冲入围岩中,被称为岩枝(Apophysis),岩株顶部的瘤状突起则称为岩瘤。

(3)岩盆(Lopolith):是中央微向下凹,呈盆状的整合侵入体。厚度与直径之比大致为1∶10～1∶20,一般由密度较大的层状基性—超基性岩组成。岩盆规模一般较大,如非洲东部有名的布什维尔岩盆,东西长400km,南北宽240km,厚8km。

(4)岩盖(Laccolith):为一种蘑菇状的整合侵入体。中部向上突起,底部平坦,由岩基中部到边部厚度迅速减小而尖灭。岩盖规模不大,直径3～6km左右,厚度一般不超过1km,常见为中—酸性侵入体。

(5)岩斗(Funnel):为接触面内倾的斗状侵入体。

(6)岩栓(Bysmalith):两侧为断面外倾的正断层所围限侵入体。

(7)岩鞍(Phacolith):沿褶皱轴部侵入的透镜状侵入体。

(8)岩床(Sill):又称岩席,是厚薄均匀、近水平产出的整合的板状侵入体。岩床以厚度小、面积较大为特征,以基性岩和超基性常见,如美国斯提沃特超基杂岩体,是一个很大的岩床,出露长50km,厚5km,我国西藏基地的超基性岩床,长40多千米,宽0.5～2km,含丰富的铬铁矿工业矿体。

(9)岩墙(Dike):是一种厚度稳定,近于直立的不整合的板状侵入体,长为宽的几十倍,甚至几千倍,厚度一般为几十厘米到几十米。著名的津巴布韦大岩墙,厚3～14km,长500km,在地形上犹如一条巨型长堤。我国东准噶尔褶皱系中的清水超基性岩墙长11km,宽400余米。岩墙是岩浆沿张裂隙惯入而形成的,在同一地区常形成由若干条岩墙平行分布或呈放射状分布的岩墙群。亦见有呈现近同心圆状分布的环状岩墙及锥状岩墙(岩席)。

2)火山岩的产状

火山岩常见的产状有以下6种。

(1)熔岩:指前述的以喷溢方式形成的火山岩,以熔岩为主,成层状,分布面积广。

(2)火山锥:由熔岩和火山碎屑岩组成,中心为火山口或破火山口。

(3)岩穹:指前述以侵出方式形成的穹状火山岩。

(4)火山颈:是火山锥被剥蚀后,出露的火山管道中的充填物。火山颈在浅部一般直径较大,向深处缩小,上部喇叭状,中部筒状,下部墙状。充填物多为火山碎屑岩、熔岩,碎屑熔岩、熔结火山碎屑岩等。碎屑有同源的、异源的,也有的为深源产物。

(5)次(潜)火山岩:是与火山岩同源且为侵入产状的岩体。它与喷出岩同时间,但一般较晚;同空间,但分布范围较大;同外貌,但结晶程度较好;同成分,但变化范围及碱度较大。侵入深度一般小于3km。

(6)火山—沉积岩:是火山活动叠加沉积作用的产物。由喷出岩、沉积火山碎屑岩、火山碎屑沉积岩、沉积岩系组成。多为水盆地、泥石流、破火山凹地、冰川等堆积。

2.火成岩构造

火成岩的构造是指岩石中不同矿物集合体之间或矿物集合与其他组成部分之间的排列、充填方式等。火成岩构造亦受多方面因素的影响,不仅与岩浆结晶时的物化环境有关,还与岩浆的侵位机制、侵位时的构造应力状态及岩浆冷凝时是否仍在流动等因素有关。

块状构造(massive structure)是侵入岩中较常见的构造,其特点是岩石在成分和结构上是均匀的,往往反应了静止、稳定的结晶作用。当结晶条件发生周期性变化或因结晶分异发生堆晶作用时,可导致岩石在垂向上出现矿物组合、含量及粒度、形态的交替变化,形成类似于沉积岩的层状构造或带状构造。岩浆的多次脉冲侵入或同化混染围岩物质,可能会导致岩石不同部位的颜色、矿物成分或结构构造的很大差别,而形成斑杂构造(taxitic structure)。侵入岩中的片状矿物或扁平捕掳体、析离体、柱状矿物的定向排列,可形成面理、线理构造。其成因有两种,其一是岩浆在流动过程中结晶形成的,称为流面、流线构造,其流面与围岩接触面平行,流线则与岩浆的流动方向一致,往往在岩体的边缘较发育,向岩体中心逐渐消失。另一成因是岩浆主动侵位时的挤压应力导致的定向,亦称为面状组构或线状组构。在中或酸性岩中这种定向主要是由暗色矿物的不连续定向排列显示出来的,又称为原生片麻理构造,其与流面和流线的区别是围岩因挤压作用也可形成同产状的面理或线理。少数情况下,岩石中的矿物可围绕某一中心呈同心层状或放射状生长成球状体,称为球状构造。

在地表冷凝固结的喷出岩具有明显不同于侵入岩的构造特征。由于快速降压导致挥发组分的大量出溶,出溶的气体上升汇集、膨胀,可在熔岩中,尤其是熔岩流的上部形成大量的气孔,称为气孔构造(fumarolic structure)。但在水底喷出的熔岩,当水深大于400m时,因环境压力较大,不会形成气孔(Fisher,1985),因此海相火山岩(如深海玄武岩、细碧岩)中的气孔一般不发育且很小。当气孔被岩浆后期的矿物(常见为方解石、沸石、石英、绿泥石)所充填时,称为杏仁构造(amygdaloidal structure)。大部分喷出熔岩是在流动过程中冷凝固结的,这就会造成岩浆中不同组分的拉长定向,形成流动构造。流动构造在黏度较大的酸性熔岩中特征最为明显,表现为不同颜色、不同成分的条纹、条带和球粒、雏晶及拉长的气孔定向排列,又称为流纹构造;在中、基性熔岩中,宏观上主要表现为气孔的拉长和斑晶矿物沿其长边的定向,微观上则表现为基质中的针、柱状长石微晶的定向。

熔岩在均匀而缓慢冷缩的条件下,可形成被冷缩裂隙分割开的规则多边形长柱体,称为柱状节理构造。柱体均垂直于熔岩层面——冷却面,断面形态以六边形者为主。柱状节理还见于熔结凝灰岩、火山通道、次火山岩、超浅成岩中,由于冷却面的产状差异,柱状节理也可以有不同的产状,如火山通道中火成岩的柱状节理,可成水平放射状排列。海底溢出的熔岩或陆地流入海水中的熔岩,遇水淬冷,可形成形似枕状的熔岩体,称为枕状体,这些枕状体被沉积物、火山物质胶结起来,就形成枕状构造。枕状体具玻璃质冷凝边,当水体深度不大时,内部有呈同心层状或放射状分布的气孔,中部有空腔。枕状构造常作为海相火山岩的一个重要标志。

(三)沉积岩

1.沉积岩形成过程

与岩浆岩和变质岩相比,沉积岩的形成过程最容易被人直接观察到,因而常被直观地划分成3个阶段,即原始物质的生成阶段、原始物质向沉积物的转变阶段、沉积物的固结和持续演化阶段。

原始物质的生成与它的来源有关,虽然整个表生带,包括岩石圈上部、整个水圈、生物圈和大气圈下部都是原始物质的来源,但最重要的来源还是母岩风化,其次是火山喷发,而直接的宇宙来源在近几十年也受到了关注。

母岩风化所指母岩可以是任何早先形成的岩石,它们在遭受物理、化学和生物风化时,大体可为沉积岩提供三大类物质,即碎屑物质、溶解物质和不溶残余物质。碎屑物质是从母岩中机械分离出来的岩石或单个晶体的碎块,又称陆源碎屑(terrigenous detrital),按大小顺序可进一步划分为砾、砂、粉砂和泥。溶解物质是由母岩释放出来的各种离解离子和胶体离子,是化学或生物化学的作用结果。在自然条件下,一般母岩矿物的化学风化都是十分缓慢和不彻底的作用过程,大多总会留下一些过渡性或性质相对稳定的中间产物,其中最常见的是黏土矿物和铁、锰、铝等的氧化物或其水化物,它们大多数是一些细小的固态质点,被统称为不溶残余物质(或称化学残余、风化矿物等)。碎屑物质、不溶残余物质如果仍留在风化面上就称为残积物(residual sediments)。

火山爆发生成的原始物质通常指火山碎屑,有时也指水下爆发(尤其是喷气)直接进入水体的溶解离子。火山碎屑在向沉积岩提供时,常常是混在母岩风化产物中的次要成分,倘若它们成为主要成分,所形成的岩石即属火山碎屑岩(岩浆岩)的范畴,这当然只是人为的划分,在这一点上,沉积岩和岩浆岩实际并无严格界线。

直接来自宇宙的物质一般指陨石和宇宙尘(cosmic dusts)。据统计,现在每年降落的陨石平均是500颗左右,能找到的大约只有20颗,大小通常为几厘米或几十厘米。宇宙尘(又称微球粒)(microspherolites)多一些,平均每年每平方米的地球表面大约可降落1~5颗,但大小都不到0.5mm,成分主要是富铁镁的硅酸盐、如橄榄石、辉石或磁铁矿、方铁矿等,在地表条件下很容易遭到风化,无论是以碎屑形式还是分解成离子或不溶残余,都会被地球岩石风化产物所淹没,因而在造岩组分中它们是极其次要的。然而有迹象表明,在漫长的地质历史中可能曾发生过大规模宇宙物质的沉降,甚至小行星的撞入事件,一些在地球上原本十分稀少分散,而在宇宙空间却比较丰富的化学元素,就会明显改变当时或稍后地表沉积物中的元素组成,典型例子是白垩纪和第三纪之间的界线黏土层中的铱含量在全球范围内突然跃升了好几个数量级。有人认为这是一个直径约10~20km的小行星与地球相撞的结果,连锁反应还导致了恐龙和其他一些生物的绝灭。类似的异常还出现在许多地方始新世和渐新世、二叠纪和三叠纪、震旦纪和寒武纪之间的界线层中,它们对沉积岩本身的影响是微乎其微的,但对揭示生物乃至整个地球演化历史却有深远的意义。

原始物质一旦出现在地球表面,实际就已进入了第二个阶段——向沉积物的转变阶段。在这个阶段中,除少量原始物质形成残积物外,绝大多数原始物质都会离开它的生成地点向沉积盆地方向搬运。到达盆地以后,盆内的搬运常常还要继续进行。碎屑和不溶残余的搬运力主要来自水的流动,也可来自风、冰川和被搬运物自身的重力,搬运途中的碰撞和摩擦会改变它们的原始形状和大小,也会伴随发生各种化学变化,所以随搬运距离或搬运时间的延长,它们与原始物质之间的差别会愈来愈大。当搬运力小到一定程度时,它们会以机械方式沉积或静止下来。溶解物质的搬运也主要靠水的流动,但在一定范围内也可靠不同浓度间的扩散。搬运途中,部分溶解离子会随水的向下渗透而失去,也有新的溶解离子加入进来,当物化条件适宜时,相关离子将以化学方式彼此结合形成新的矿物而沉淀,部分溶解离子还会被生物吸收,以生物化学方式参与有机体的形成。已经沉积或沉淀的物质可以被再次搬运,甚至会出现多次反复,盆地内的各种物理、化学或生物作用还会制造出许多特殊的游移性颗粒实体,如生物碎屑、鲕粒等,它们将像陆源碎屑那样以机械方式搬运,尔后再以机械方式沉积或静止。无论搬运路途多么曲折、搬运过程多么复杂,被搬运物质最终还是会沉积下来,这种由沉积不久的物质构成的疏松多孔、大多还富含水分的地表堆积体就称为沉积物(deposits)。

这样,第二阶段也可表述为原始物质通过沉积作用在地表重新分配组合、形成沉积物的阶段。在自然规律的支配下,沉积物总是会按自己的成分和结构构造,以一定的体积和外部形态在沉积盆地中占据最适合自己的位置,尽管它还比较疏松,但已经具备了一个相对稳定的三维格架,沉积岩正是借助了这个格架才得以完成它的最后形成过程,也正因为如此,研究沉积岩的首要任务也就是研究相关的沉积物。

沉积物的堆积可以十分缓慢,也可以非常迅速。随着时间的推移,较早形成的沉积物将被逐渐埋入地下,它所处的温度和压力会随之升高,所含有机质将逐渐降解,内部孔隙水因被挤出向压力较低的部位移动而减少,同时接受压力更高部位水的补充,有机质降解产物溶于其中还会提高它的化学活性。孔隙水的这种不断更新可能会溶解掉沉积物中的不稳定成分,重新沉淀出较为稳定的成分来;一些喜氧或厌氧细菌也会以生物化学方式加入到矿物相的转化中;即使是较为稳定的成分也会在压力增高的条件下调整自己的空间方位。伴随所有这些变化,沉积物就会逐渐固结成为致密坚硬的沉积岩。完成这一过程所需埋深和时间与沉积物的成分和埋藏地的地温梯度有关,大致在1~100m和1 000~100万年之间,而在特殊情况下也可无须埋藏而在几十年内直接在沉积物表层迅速完成固结过程。固结成的岩石随埋深进一步加大,温压进一步提高,还会进一步变化,大约在地下几千米的深度渐渐向变质岩过渡,也可能被构造运动抬升到浅部接受地下水的淋溶或接纳新的沉淀矿物,或者到达地表遭受风化成为新一代母岩。这就是沉积物固结和持续演化阶段可能涉及的主要过程。

3个阶段对沉积岩的影响都是深刻的,也是造成沉积岩物质成分、结构构造多样性和时空分布复杂性的直接原因。

2.沉积岩的结构

与岩浆岩和变质岩整体上都具有结晶的结构面貌不同,沉积岩虽然都是沉积成因,但却没有统一的沉积结构面貌,这主要是因为不同沉积物可以具有截然不同的沉积机理,沉积后还要继续经受改造造成的。

由于沉积岩基本上可看成是固结了的沉积物,所以在大多数情况下,沉积岩的整体结构就基本上由沉积物决定,或者说,该整体结构在沉积作用中就已大致形成,只是在成岩作用中被封固在了沉积岩中,只有少数结构是在沉积后作用中重新形成的。归纳起来,沉积岩的整体结构可分为5种基本类型(图2-4)。

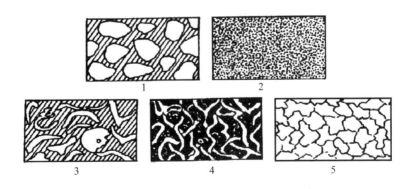

图2-4 沉积岩整体结构的基本类型

1.碎屑结构;2.泥状结构;3.自生颗粒结构;4.生物骨骼结构;5.结晶结构

（1）碎屑结构（detrital texture）：主要由砾、砂等较粗的陆源碎屑（或他生矿物颗粒）机械堆积形成。这些碎屑颗粒之间的物质称为填隙物（fillings），它们可以是与碎屑颗粒大致同时沉积，但相对却细小许多的机械沉积质点，如在粗大砾石之间的泥砂、在砂粒之间的泥等，这种填隙物称为基质（matrix），也可以是在沉积作用中由孔隙水沉淀出来的矿物晶体，这种填隙物称为胶结物（cements）。当然填隙物有时并不会将碎屑颗粒之间的空间全部填满，这时就会出现一些孔隙（pores）。

（2）泥状结构（muddy texture）：主要由极细小（泥级）的固态质点机械堆积形成，这些质点通常不是单一成因，既可由母岩或其他物体机械破碎产生，也可以在风化或沉积作用中由化学或生物作用产生。沉积时，不同成因的质点常常会混杂在一起而同时参与结构的形成。当它们出现在碎屑结构中时就成了碎屑结构中的基质。

（3）自生颗粒结构：常被简称为颗粒结构（grained texture），主要由一些特殊的颗粒，如生物碎屑、鲕粒等机械堆积形成，颗粒之间的填隙物也有基质和胶结物的不同。在这些方面，它与碎屑结构极为相似，但结构中的颗粒却不同于陆源碎屑，它主要是由自生矿物构成的。

（4）生物骨架结构（skeletal texture）：主要由造礁生物原地生长繁殖形成，在生物骨架之间的空隙中常有自生颗粒、泥级质点或胶结物充填。

（5）结晶结构（crystalline texture）：也称化学结构，主要由原地化学沉淀的矿物晶体形成。所谓"原地"，是指晶体的大小、形态和相对位置都是在矿物沉淀时形成的。就结构面貌而言，结晶结构与岩浆岩或变质岩的某些结构很相似，但结构中的矿物却是从低温低压的水溶液中沉淀的，而且大多都是同一种矿物。它们显然都是自生矿物。这种结构可以在沉积时形成，也可在沉积以后由其他结构改造形成。

3.沉积岩的构造

沉积岩的构造总称为沉积构造（sedimentary structure），指在沉积作用或成岩作用中，在岩层内部或表面形成的一种形迹特征，这里的"岩层"是指由区域性或较大范围沉积条件改变而形成的构成沉积地层的基本单位。相邻的上下岩层之间被层面隔开。层面是一个机械薄弱面，易被外力作用剥露出来。无论是岩层内部还是岩层表面的构造都有不同的规模，但通常都是宏观的。

沉积构造的类型极为复杂，描述性、成因性或分类性术语极多。其中，在沉积作用中或在沉积物固结之前形成的构造称为原生沉积构造（primary sedimentary structure），在沉积物固结之后形成的构造称为次生沉积构造（secondary sedimentary structure）。在已研究过的沉积构造中，绝大多数都是原生沉积构造。从形成机理看，任何构造都无外乎物理、化学、生物或它们的复合成因，相应的构造也就具有了相应的形迹特点，特别是原生沉积构造常常与沉积环境的动力条件、化学条件或生物条件有密切的成因联系，对沉积环境的解释或岩层顶底面的判别都有重要意义。表2-7中列出的常见或重要的沉积构造类型，其中除缝合线构造和部分结核构造为次生沉积构造外，其他的都是原生沉积构造。

（四）变质岩

无论什么岩石，当其所处的环境跟当初岩石形成时的环境有了变化，岩石的成分、结构和构造等往往也要随之变化，以便使岩石和环境之间达到新的平衡关系。这种变化总称为变质作用。

表2-7 常见或重要的沉积构造类型

物理成因		生物成因	化学成因
层理构造	泥裂	生痕构造	晶痕和假晶
波痕构造	雨痕、雹痕	生物扰动构造	鸟眼构造
叠瓦构造	泄水构造	植物根痕构造	结核构造
冲刷构造		叠层构造	缝合线构造

变质作用不同于风化作用,前者是在一定温度、压力等条件下进行的,而后者是在一般温度、压力等条件下或者说是在风化带或胶结带进行的。变质作用也不同于岩浆作用,前者是在温度升高过程中但一般是在固态下进行的,而后者是在岩浆冷凝过程中进行的。当然,有时各作用间也并无严格的界限。

由变质作用形成的岩石,就是变质岩。由火成岩形成的变质岩称正变质岩,由沉积岩形成的变质岩称副变质岩。

变质岩的特点,一方面受原岩的控制,而具有一定的继承性;另一方面由于变质作用的类型和程度不同,而在矿物成分、结构和构造上具有一定的特征性。

变质岩在我国和世界上皆有广泛分布。特别是前寒武纪地层,绝大部分都是变质岩组成的。在古生代及其以后的岩层中,在岩浆体的周围和在断裂带附近,也均有变质岩分布。变质岩中含有丰富的金属矿和非金属矿,例如全世界铁矿储量,其中70%储藏于前寒武纪古老变质岩中。

变质岩的特征,最主要的有两点:一是岩石重结晶明显;二是岩石具有一定的结构和构造,特别是在一定压力下矿物重结晶形成的片理构造。变质岩和火成岩相比,一般讲二者虽都具结晶结构,但前者往往具有典型的变质矿物,且有些具有片理构造,而后者则无。变质岩和沉积岩相比,其区别更加明显,后者具层理构造,常含有生物化石,而前者则无。同时,在沉积岩中除去化学岩和生物化学岩外,一般不具结晶粒状结构,而变质岩则大部分是重结晶的岩石,只是结晶程度有所不同。

1.变质岩的矿物

大部分变质岩都是重结晶的岩石,所以一般都能辨认其矿物成分。其中一部分矿物是在其他岩石中也存在的矿物,如石英、长石、云母、角闪石、辉石、磁铁矿以及方解石、白云石等。这些矿物或是从变质前的岩石中保留下来的稳定矿物,或是在变质过程中新产生的矿物。还有一部分矿物是在变质过程中产生的新矿物,如石榴子石、蓝闪石、绢云母、绿泥石、红柱石、阳起石、透闪石、滑石、硅灰石、蛇纹石、石墨等。这些矿物是在特定环境下形成的稳定矿物,可以作为鉴别变质岩的标志矿物。

变质岩中矿物常常是在一定压力条件下重结晶形成的,所以矿物排列往往具有定向性,矿物形态具有延长性,甚至像石英和长石这类矿物,也经常形成长条的形状。

2.变质岩的结构

1)变晶结构

变质岩是原岩重结晶而成的岩石,具有结晶质结构,这种结构统称为变晶结构。变质岩的变晶结构和火成岩的结晶结构,从成因和形态来看,都有所不同。前者是基本上在固态条件下各种矿物几乎同时重结晶而成,所以矿物颗粒多为他形和半自形,其自形程度反映结晶力的强弱,结晶力越强,自形程度越好,而且矿物排列常具有明显的定向性。后者是在熔融的岩浆逐渐冷却过程中,由各种矿物按一定顺序结晶而成,矿物晶粒的自形程度常反映结晶的顺序,且火成岩中除去部分矿物表现为流线、流层构造外,一般不具定向排列。

根据矿物颗粒大小和形态,可以把变晶结构分为如下4种。

(1)粒状变晶结构。又称花岗变晶结构。其特征是:岩石主要由长石、石英或方解石等粒状矿物组成,矿物颗粒大小近等,多呈他形,互相镶嵌很紧,矿物颗粒接触线呈多边形、浑圆形或锯齿状,定向构造不明显,呈块状构造。根据矿物颗粒粗细又可分为粗粒(大于3mm)、中粒(1~3mm)、细粒(小于1mm)等变晶结构。

(2)斑状变晶结构。其特征是:在个体较小的矿物集合体(称为基质)中,分布有较大的矿物晶体(称为变斑晶)。它与火成岩中的斑状结构相似,但两者的成因和特点不同。斑状变晶结构的变斑晶与基质是在变质作用过程中,在固态下,基本上同时形成的,但变斑晶的结束时间可能比基质稍晚。变斑晶一般是结晶力较强的矿物,如石榴子石、蓝晶石、红柱石、磁铁矿等。火成岩的斑状结构,其中斑晶和基质矿物都是从岩浆中结晶形成的,而斑晶比起基质矿物,其结晶时间要早。

(3)鳞片状变晶结构。主要由云母、绿泥石、滑石等片状矿物组成的岩石,其矿物常平行排列,形成片理,这种结构称鳞片状变晶结构。各种千枚岩、片岩等具此种结构,有些由柱状、纤维状矿物(角闪石、蛇纹石、红柱石等)组成的岩石,其结构称为纤维状变晶结构。有时它们呈无定向分布,形成块状构造;有时呈束状集合体出现,称蒿束结构;有时呈放射状排列,称放射状结构。

(4)角岩结构。一般指细粒粒状变晶结构,其中矿物颗粒彼此紧密镶嵌,不呈定向排列,岩石常具块状构造。它是热接触变质而成的角岩的特征结构。

2)碎裂结构

又称压碎结构。岩石在应力作用下,其中矿物颗粒破碎,形成外形不规则的带棱角的碎屑,碎屑边缘常呈锯齿状,并常有裂隙及扭曲变形等现象。它是动力变质岩常有的一种结构。

3)变余结构

指变质岩中残留的原来岩石的结构,如变余斑状结构、变余砾状结构等。根据这种结构可以帮助恢复变质前是哪种岩石。

3.变质岩的构造

1)片理构造

指岩石中矿物定向排列所显示的构造,是变质岩中最常见、最带有特征性的构造。矿物平行排列所成的面称片理面,它可以是平直的面,也可以是波状的曲面。片理面可以平行于原岩的层面,也可以二者斜交。岩石极易沿着片理面劈开。根据矿物的组合和重结晶程度,片理构造又可分为以下5类。

(1)片麻构造。岩石主要由较粗的粒状矿物(如长石、石英)组成,但又有一定数量的柱状、片状矿物(如角闪石、黑云母、白云母)在粒状矿物中定向排列和不均匀分布,形成断续条带状构造。如果是暗色柱状、片状矿物分布于浅色粒状矿物中,则黑白相间的片麻构造更加明显。各种片麻岩具此构造。

（2）片状构造。相当于狭义的片理构造。岩石主要由粒度较粗的柱状或片状矿物（如云母、绿泥石、滑石、石墨等）组成，它们平行排列，形成连续的片理构造，片理面常微有波状起伏。如各种片岩具此构造。

（3）千枚构造。由细小片状矿物定向排列所成的构造，它和片状构造相似，但晶粒微细，不容易肉眼辨别矿物成分，片理面上常具丝绢光泽。如各种千枚岩具此构造。

（4）进制板状构造。指岩石中由微小晶体定向排列所成的板状劈理构造。板理面平整而光滑，并微有丝绢光泽，沿着劈理可形成均匀薄板。这种板状构造有的是代表原来岩石的板状层理，有的是原来岩石在应力作用下形成的板劈理，它可能和原来层理一致，也可能与之斜交。板状构造是板岩所特有的构造。

（5）条带状构造。变质岩中由浅色粒状矿物（如长石、石英、方解石等）和暗色片状、柱状或粒状矿物（如角闪石、黑云母、磁铁矿等）定向交替排列所成的构造。它们以一定的宽度呈互层状出现，形成颜色不同的条带。有的条带构造是由原来岩石的层理构造残留而成，但更多的是暗色呈片理构造的部分被浅色岩浆物质顺片理贯入而成。混合岩常具此种构造。

2）块状构造

岩石中矿物颗粒无定向排列所表现的均一构造。如部分大理岩、石英岩等具此构造。

3）变余构造

又称残留构造，为变质作用后保留下来的原岩构造。特别是在浅变质岩中可以见到变余层理构造、变余气孔构造、变余杏仁构造、变余波痕构造等，这些构造是恢复原岩和产状的重要标志。

第三章　地质遗迹资源与分类

第一节　地质遗迹资源特点与分类

一、地质遗迹资源

根据《辞海》,遗迹是指古代人类活动遗留下来的痕迹,包括遗址、墓葬、窖藏以及游牧民族所遗留的活动痕迹等(李烈荣,2002)。由于人们理解角度的不同,解释也不尽相同。如中国地质环境监测院设计编写的《中国自然保护区图说明书》中将"由于地质环境和地质资源是在漫长的地质历史时期中经过各种地质营力作用、雕琢而成的,是地质历史时期和地质营力作用的遗迹。它们往往具有发生变化就难于逆转和不可更新(再生)或难于更新(再生)的特点"称为地质遗迹。又如,在《地质遗迹保护管理规定》(中华人民共和国地质矿产部令[1995]第21号)中将地质遗迹定义为"在地球演化的漫长地质历史时期,由于各种内外动力地质作用,形成、发展并遗留下来的珍贵的、不可再生的自然遗产"。

地质遗迹具有社会开发利用价值,同时又具有稀缺性,因此是一种资源,它包括了旅游名胜中的山水名胜、自然风光等自然遗迹,也包括了在晚近地质历史时期人类形成过程中的人类文化遗址,人类与地质相互作用和人类开发利用地质环境、地质资源的遗迹以及地质灾害遗迹等。有些矿产资源本身也是地质遗迹资源,如重要矿产地、宝玉石产地、温泉、矿泉等。地质遗迹是一种地质资源,可被人类开发利用,转变为社会效益和经济效益。人类社会文明程度愈高度发展,地质遗迹资源在人类生活中的地位也就愈加重要。

二、地质遗迹资源的特点

1.自然资源共同的特点

地质遗迹资源同其他自然资源一样,多种多样,性质和功能也千差万别,但它们都是自然环境的有机组成部分,它们的发展变化遵循一定的自然规律,因此,它们又有许多共同的性质和特征。概括起来,主要有如下共同特点。

(1)地域性。即每个地区的自然资源都有自己的特色,不同地区自然资源的种类、数量和构成也各不相同,这就表现为自然资源分布的差异性,称之为地域性。因为地球表面的任何一个地区都有其相对稳定的地理要素和自然要素,如大地构造单元、地质地理、气候带等,它们影响和制约着自然资源的形成和分布,造成地球表面和地壳内部各种自然资源的分布具有明显的地域性和不平衡性。

(2)可用性。自然资源是可以被人类所利用的。人类也正是因为自然资源的可用性,才能得以繁衍、生息。

（3）整体性。自然资源不是孤立的，它们之间既相互联系又相互制约。任何一个因素的变化，都会影响到整个自然资源系统的变化。如开采地下资源造成的大面积采空区，在重力作用下能导致地层断裂、弯曲、塌陷和崩塌，使地表土地资源和生态环境受到破坏。

（4）有限性。所有自然资源的数量都不可能是无限的，无论是再生资源还是非再生资源都不例外，只不过表面形式不同而已。消耗性资源不能复制和再生，它的变化趋势是越用越少；再生资源尽管可以周而复始地循环再生，但是每一时期的循环量是有限的，如果强化利用或因管理不善造成污染，也会使资源越来越坏，使良性循环变成恶性循环。

（5）可变性。资源生态系统同世界上任何事物一样，永远处在不停地运动和变化之中，即其可变性。这主要表现在两个方面：一是自然资源本身的形成和发展，物种及其数量的增加和转换，资源空间分布的集中和分散等，都在不停地塑造着自然资源的面貌；二是由于人类的作用，自然资源也在不断变化。

（6）分布的时空性。土地、水、矿井、生物、气候资源在资源系统中都可以彼此独立存在，都有其个性，如生物资源的可再生性，水资源的可循环性、可流动性，土地资源的生产能力与位置的固定性，气候资源明显的季节性，矿产资源的不可更新性与隐含性等，自然资源的不同的个性差异，决定了其分布的时空性。

2.地质遗迹资源的特殊性

地质遗迹资源，既有自然资源所共有的属性，又有许多自己所独有的特殊性，主要表现如下。

（1）区域性。地质遗迹资源存在于特定的地理环境中，是地理环境的重要构成因素，因此，其区域差异是客观存在的，不同地区的地质遗迹资源类型是不同的。

（2）观赏性。地质遗迹资源与其他资源最主要的区别就是它具有美学特征——观赏价值。形形色色的地质遗迹资源，既有雄、秀、险、奇、幽等类型的形象美，又有动与静的形态美；既有色彩美，又有声色美等。

（3）不可再生性。地质遗迹资源是一种不能再生的资源，一旦被破坏将不复拥有，这决定了其保护的重要性。

（4）地质属性。地质遗迹资源是由于地质作用力而形成的，因而具有地质属性。

（5）类型多样性。地质作用的复杂性，决定了地质遗迹资源的多样性。多种类的地质遗迹的复合、交叉，又使其显得形式多样又复杂，从而构成了绚丽多彩的地质遗迹。

（6）知识性和趣味性。对地质遗迹资源的认识，不仅使人们获得审美趣味和享受，而且能使人们从中得到科学的启示和原理，即地质遗迹资源集知识性、趣味性于一体。

（7）永续利用性。地质遗迹资源如果能做到合理保护是可以永续利用的，它不像矿产资源，开采利用后不可再用。

三、地质遗迹类型划分

根据《中国国家地质公园规划编制技术要求》（2009），将地质遗迹资源分为7大类、25类和56亚类，具体见表3-1。

表3-1 地质遗迹类型划分表

大类	类	亚类
一、地质(体、层)剖面大类	1.地层剖面	(1)全球界线层型剖面(金钉子)
		(2)全国性标准剖面
		(3)区域性标准剖面
		(4)地方性标准剖面
	2.岩浆岩(体)剖面	(5)典型基、超基性岩体(剖面)
		(6)典型中性岩体(剖面)
		(7)典型酸性岩体(剖面)
		(8)典型碱性岩体(剖面)
	3.变质岩相剖面	(9)典型接触变质带剖面
		(10)典型热动力变质带剖面
		(11)典型混合岩化变质带剖面
		(12)典型高、超高压变质带剖面
	4.沉积岩相剖面	(13)典型沉积岩相剖面
二、地质构造大类	5.构造形迹	(14)全球(巨型)构造
		(15)区域(大型)构造
		(16)中小型构造
三、古生物大类	6.古人类	(17)古人类化石
		(18)古人类活动遗迹
	7.古动物	(19)古无脊椎动物
		(20)古脊椎动物
	8.古植物	(21)古植物
	9.古生物遗迹	(22)古生物活动遗迹
四、矿物与矿床大类	10.典型矿物产地	(23)典型矿物产地
	11.典型矿床	(24)典型金属矿床
		(25)典型非金属矿床
		(26)典型能源矿床
五、地貌景观大类	12.岩石地貌景观	(27)花岗岩地貌景观
		(28)碎屑岩地貌景观

续表3-1

大类	类	亚类
五、地貌景观大类	12.岩石地貌景观	(29)可溶岩地貌(喀斯特地貌)景观
		(30)黄土地貌景观
		(31)砂积地貌景观
	13.火山地貌景观	(32)火山机构地貌景观
		(33)火山熔岩地貌景观
		(34)火山碎屑堆积地貌景观
	14.冰川地貌景观	(35)冰川刨蚀地貌景观
		(36)冰川堆积地貌景观
		(37)冰缘地貌景观
	15.流水地貌景观	(38)流水侵蚀地貌景观
		(39)流水堆积地貌景观
	16.海蚀海积景观	(40)海蚀地貌景观
		(41)海积地貌景观
	17.构造地貌景观	(42)构造地貌景观
六、水体景观大类	18.泉水景观	(43)温(热)泉景观
		(44)冷泉景观
	19.湖沼景观	(45)湖泊景观
		(46)沼泽湿地景观
	20.河流景观	(47)风景河段
	21.瀑布景观	(48)瀑布景观
七、环境地质遗迹景观大类	22.地震遗迹景观	(49)古地震遗迹景观
		(50)近代地震遗迹景观
	23.陨石冲击遗迹景观	(51)陨石冲击遗迹景观
	24.地质灾害遗迹景观	(52)山体崩塌遗迹景观
		(53)滑坡遗迹景观
		(54)泥石流遗迹景观
		(55)地裂与地面沉降遗迹景观
	25.采矿遗迹景观	(56)采矿遗迹景观

第二节　地质剖面类

一、地层剖面

(一)全球界线层型剖面(金钉子)

地质学上的金钉子实际上是全球年代地层单位界线层型剖面和点位(GSSP)的俗称。

1. 金钉子GSSP概述

金钉子一名源于美国的铁路修建史。1869年5月10日,美国首条横穿美洲大陆的铁路钉下了最后一颗钉子,这颗钉子是用18K金制成,它宣告了全长1 776m的铁路胜利竣工。这条铁路的修建在美国历史上具有里程碑的意义,对美国政治、经济、文化的影响极其深远,特别是对于美国西部开发战略的实施具有举足轻重的作用。为纪念这一事件,美国在1965年7月30日建立了"金钉子国家历史遗址"。

全球年代地层单位界线层型剖面和点位,在地质年代划分上的意义与美国铁路修建史上金钉子的重要历史意义和象征意义具有异曲同工之处,因此,金钉子就为地质学家所借用。

如果要了解全球界线层型剖面和点位(GSSP)(即通常所称的金钉子)及其意义,首先要懂得什么是年代地层单位。就像历史学家把人类的历史划分为不同时期(如我国的唐、宋、元、明、清)那样,地质学家按地球所有岩石形成时代(时间)的先后,建立一套年代地层单位系统,并依次称为太古宇(宙)、元古宇(宙)、古生代(界)、中生代(界)和新生代(界),每一个代的时间内,又进一步划分出次一级的年代地层单位(如系、统、阶)。类似每一个人类历史时期都占据人类历史的一定时间间隔或段落,包含一定的人类活动内容和事件那样,每一个时间地层单位则包括在这个时间间隔内在地球上所形成的所有岩石和与其相关的地质事件。

按国际地质科学联合会(简称地科联)(IUGS)和国际地层委员会(地层委)(ICS)的规定,全球统一地质时代(年代)表要通过建立全球不同时代(年代)地层单位界线层型和点位(GSSP)(俗称金钉子)的方式来建立,以便于按统一时间(时代)标准去理解、解释、分析和研究世界不同地区同一时间内发生的或形成的各类地质体(岩石、地层等)及地质事件及其相互关系。所以,年代地层单位界线层型和点位(金钉子)是国际地层委和地科联,以正式公布的形式所指定的年代地层单位界线的典型或标准,是为定义和区别全球不同年代(时代)所形成的地层的全球唯一标准或样板,并在一个特定的地点和特定的岩层序列中标出,作为确定和识别全球两个时代地层之间的界线的唯一标志。

每一个时代的全球界线层型和点位(金钉子)的选取,都必须在对全球包含这个时代地层序列(即界线剖面)进行调查,并组织有关专家对所申报的有可能成为该代年代地层单位界线金钉子剖面的建议和相关研究成果进行详细研究、检验和讨论的基础上,由国际地层委员会下属的有关地层分会的各国专家通过投票的方式产生,然后报国际地层委和地科联批准公布。

全球层型剖面和层型点(GSSP)是指特定地区内,特定岩层序列中的一个专有的标志点,藉此构成两个年代地层单位之间界线的定义和识别标准。金钉子是全世界科学家公认的、全球范围内某一特定地质时代划分对比的标准,因此,它的成功获取往往标志着一个国家在这一领域的地学研究成果达到世界领先水平,其意义绝不亚于奥运金牌。

1977年于捷克确立的全球志留系—泥盆系界线层型剖面和点(GSSP)是全球第一枚金钉子。全球地层年表中一共有金钉子110枚左右,而目前已经确立的有近60枚。

2. 中国的金钉子GSSP

1)黄泥塘金钉子GSSP

1997年1月,在中国确认的位居浙江省常山县黄泥塘达瑞威尔阶金钉子。这是我国第一枚金钉子。

2)长兴灰岩金钉子GSSP

浙江湖州长兴煤山剖面既是二叠系与三叠系界线的标志,又是中生界与古生界之间的标志,被认为是地质历史上3个最大的断代金钉子之一(图3-1)。

地质学界100多年来,一直沿用耳菊石化石作为划分古生界和中生界的标志,但由于耳菊石分布的局限性,无法充分解释全球范围内的地质现象。1986年,殷鸿福院士提出,将我国地质工作者在浙江长兴煤山发现的牙形石化石作为划分古生界和中生界的标准化石,以此确定古生界和中生界的分界线。1996年,中、美、俄、德等国的9名科学家在国际刊物上发表联名文章,推荐以中国浙江长兴煤山的牙形石化石为划分古生界和中生界的标准化石。此后,经过国际学术组织三轮投票,最终由国际地质科学联合会阿根廷会议认可。

图3-1 浙江长兴灰岩金钉子景观

3)花垣排碧金钉子GSSP

2002年7月,位于湖南省花垣县排碧乡的金钉子,被国际地层委员会批准为全球地层年表寒武系的首枚金钉子。它也是寒武系确定的第一枚金钉子。

4)蓬莱滩金钉子GSSP

广西自治区来宾市蓬莱滩,二叠系。

5)古丈金钉子GSSP

湖南古丈,寒武系。

6)王家湾金钉子GSSP

由中国科学院南京地质古生物研究所牵头取得的王家湾奥陶系赫南特阶的金钉子。这是宜昌第一枚金钉子,地点位于夷陵区分乡镇王家湾村,距今约4.56亿年。

7)黄花场金钉子GSSP

2007年7月,由国土资源部宜昌地质矿产研究所牵头取得的黄花场全球中和下奥陶统暨奥陶系第三个阶的金钉子。这颗金钉子是奥陶系最后一颗,标志着全球奥陶系年代系统的最终建立。这也是世界第六十六枚、中国第七枚、宜昌第二枚金钉子,距今约4.72亿年。

8)长兴阶金钉子GSSP

位于浙江省长兴县煤山镇与槐坎乡的交界处,为长兴灰岩剖面。1931年,美籍科学家葛利普以长兴地名将长兴灰岩命名为"长兴阶",代表二叠系最晚期的一个年代地层单位,是第一个以中国地名命名的地层年代单位。2005年9月3日,国际地科联在长兴灰岩剖面上确定了全球长兴阶底界和吴家坪阶顶界的接触线层型。

9)碰冲金钉子GSSP

2009年初,位于中国广西柳州的碰冲剖面日前经国际石炭纪地层委员会表决,以全票21票当选为国际石炭纪维宪阶金钉子,这是全球石炭纪首个"阶"一级的金钉子,也是中国科学家取得的第九枚金钉子。

10)江山阶金钉子GSSP

2011年8月12日从中国科学院南京地质古生物研究所获悉,我国第十枚金钉子——寒武系江山阶金钉子经过该所专家团队的深入研究,正式在浙江江山确立。

据悉,此次确定的金钉子位于我国浙江江山县碓边村附近的碓边B剖面,以该县县名命名,它是南京地质古生物研究所确立的第七枚金钉子,也是南京地质古生物研究所彭善池研究员及其团队继创立芙蓉统、排碧阶、古丈阶之后,以我国地名所命名的第四个全球年代地层标准单位。

(二)标准剖面

凡根据横式剖面在其他地区选定的典型剖面,作为本地区对比标准的剖面,都称为"标准剖面"。例如山东张夏寒武系剖面发育完好,化石丰富,可作为华北地区寒武系的标准剖面。但它的下寒武统发育不全,就全国来说,必须以云南东部的下寒武统来补充,才能建立中国整个寒武系的标准剖面。因此,标准剖面往往是综合了几个地区的剖面,并可以用来补充模式剖面。1985年中国国务院批准在天津市蓟县建立了上元古界标准地层剖面,已成为中国第一个国家级地质自然保护区(图3-2)。1987年9月,在陕西洛南县建立了小秦岭元古界标准剖面,作为国家级第二个地质自然保护区。吉林省也决定在浑江市建立大阳岔寒武奥陶系接触界线的地质遗迹保护区,这个标准剖面比英国原标准地区含有更全的标准化石群。

二、岩浆岩(体)剖面

岩浆岩或称火成岩,是由岩浆凝结形成的岩石,约占地壳总体积的65%。岩浆是在地壳

图3-2 天津市蓟县中上元古界标准地层剖面

深处或上地幔产生的高温炽热、黏稠、含有挥发成分的硅酸盐熔融体，是形成各种岩浆岩和岩浆矿床的母体。岩浆的发生、运移、聚集、变化及冷凝成岩的全部过程，称为岩浆作用。

（一）分类

SiO₂是岩浆岩中最主要的一种氧化物，因此，它的含量有规律的变化是岩浆岩分类的主要基础。根据酸度，也就是SiO_2含量，可以把岩浆岩分成4个大类：超基性岩（$SiO_2<45\%$）、基性岩（$SiO_2$45%～52%）、中性岩（$SiO_2$52%～66%）和酸性岩（$SiO_2>66\%$）。

1. 超基性岩类

在四大岩类中，超基性岩类在地表分布很少，是四大岩类中最小的一个分支，仅占岩浆岩总面积的0.4%。超基性岩体的规模也不大，常形成外观像透镜状、扁豆状的岩体，它们好像一串大小不同的珠子一样沿着一定方向延伸，断断续续排列，有时可以追索上千千米。

超基性岩颜色比较深，大部分都是黑灰色、墨绿色，密度也很大，一般都在3以上，因此很坚硬，常具致密块状构造。它的化学成分特征是酸度最低，SiO_2含量小于45%；碱度也很低，一般情况下K_2O+Na_2O不足1%；但铁、镁含量高，通常$FeO+Fe_2O_3$在8%～16%之间，MgO含量范围较宽，在12%～46%之间。

超基性岩基本上由暗色矿物组成，主要是橄榄石、辉石，二者含量可以超过70%；其次为角闪石和黑云母；不含石英，长石也很少。

这类岩石最常见侵入岩是橄榄岩类（图3-3），喷出岩是苦橄岩类。

2. 基性岩类

基性岩类岩石颜色比超基性岩浅，密度也稍小，一般在3左右。侵入岩很致密，喷出岩常具有气孔状和杏仁状构造。其化学成分的特征是SiO_2为45%～52%，Al_2O_3可达15%，CaO可达10%；而铁镁含量约各占6%左右。在矿物成分上，铁镁矿物约占40%，而且以辉石为主，其次是橄榄石、角闪石和黑云母。基性岩和超基性岩的另一个区别是出现了大量斜长石。

这类岩石的侵入岩是辉长岩，分布较少；而喷出岩——玄武岩，却有大面积分布。虽然玄武岩（图3-4）构成的火山和台地在陆地上比较多见，但是和海洋底部玄武岩的分布情况相比，就逊色得多，因为海洋底部几乎全部由玄武岩形成。

辉长岩的成分和玄武岩很相近，但是结构上差别较大。辉长岩因为在地下深处，斜长石和辉石同时结晶，因此，矿物颗粒形态发育比较完整，大小也差不多。玄武岩一般由斑晶矿物

图3-3 橄榄岩

图3-4 玄武岩

和基质两部分组成,斑晶主要是斜长石、辉石、橄榄石,基质就是岩浆喷发时没有来得及结晶的玻璃质或者是只有在显微镜下才能看出的隐晶质。

3. 中性岩类

中性岩类岩石颜色较浅,多呈浅灰色,密度比基性岩要小。化学成分特征是SiO_2为52%～65%,铁、镁、钙比基性岩低,$Al_2O_3$16%～17%,比基性岩略高,而Na_2O+K_2O可达5%,比基性岩明显增多。

就像这个岩类的名称一样,它是在基性岩和酸性岩中间的过渡类型。侵入岩是闪长岩,相应的喷出岩是安山岩。闪长岩既可以向基性岩辉长岩过渡,也可以向酸性岩花岗岩过渡。同样,喷出岩之间也关系密切,安山岩(图3-5)、玄武岩、流纹岩也常常共生在一起。

4. 酸性岩类

酸性岩类中以人们熟悉的花岗岩(图3-6)类出露最多,是在大陆壳中分布最广的一类深成岩,常形成巨大的岩体。喷出岩是流纹岩和英安岩。这类岩石的SiO_2含量最高,一般超过66%,K_2O+Na_2O平均在6%～8%之间,铁、钙含量不高。

矿物成分的特点是浅色矿物大量出现,主要是石英、碱性长石和酸性斜长石。暗色矿物含量很少,大约只占10%。

图3-5　安山岩

图3-6　花岗岩

(二)岩浆岩与名山大川

岩浆岩,特别是花岗岩造就了很多名山大川,东北大小兴安岭、东南沿海一带都有成群的花岗岩分布。安徽黄山多姿的奇观就是花岗岩体经过漫长的地质构造运动形成的。在陕西华山也可以看到花岗岩体被断裂切割成十分陡峭的地形,形成好像被斧头劈开一样笔直的百丈陡崖。花岗岩这么坚硬耐磨,是因为组成它的矿物比较坚硬、结构致密的缘故。花岗岩的种类比较多,按照所含的矿物种类可分为黑云母花岗岩、白云母花岗岩、二云母花岗岩、角闪石花岗岩等;按照岩石的结构、构造可分为细粒花岗岩、中粒花岗岩、粗粒花岗岩、斑状花岗岩和片麻状花岗岩等。花岗岩因为结构均匀,质地坚硬,颜色美观,是一种优质的建筑材料。但有些花岗岩含有放射性元素,会使人身体受到伤害,易得不育症。一般说碱性花岗岩含有放射性矿物较多。放射性矿物的特征是具有鲜艳的颜色和油脂光泽等。在选购石材时最好不用红色天然的花岗岩。不含放射性矿物的花岗岩呈灰白色,颜色虽然不很鲜艳,但为了安全起见最好还是选择它们,或者去选购人造花岗岩的板材。

玄武岩常形成广阔的台地,高原玄武岩是岩浆溢流形成的地貌景观。安山岩浆的黏度比玄武岩浆要大得多,不容易形成溢流,常喷发形成边坡比较陡的大型火山,比如世界著名的日本富士山、意大利维苏威火山就属于这种类型。

我国黑龙江镜泊湖地区有很多奇特的玄武岩景观,不仅可以供人们观光游览,而且也是认识和了解火山岩最好的一个天然课堂。

三、变质岩相剖面

各种变质岩的存在条件,几乎跟它们的变质作用的类型有密切关系,换句话说,如果在野外工作时,能识别出变质作用的类型,那么也就大体上能估计出其中有哪些具体的变质岩的种类了。何谓变质作用的类型?主要是根据地质成因和变质作用的因素来考虑变质作用的格局,实际上,也包括了变质作用的规模。其类型大体上划分为4种,都是野外常遇到的。

(1)接触变质作用。这是由岩浆沿地壳的裂缝上升,停留在某个部位上,侵入到围岩之中,因为高温,发生热力变质作用,使围岩在化学成分基本不变的情况下,出现重结晶作用和化学交代作用。例如,中性岩浆入侵到石灰岩地层中,使原来石灰岩中的碳酸钙熔融,发生重结晶作用,晶体变粗,颜色变白(或因其他矿物成分出现斑条),而形成大理岩。从石灰岩变为大理岩,化学成分没有变,而方解石的晶形发生变化,这就是接触变质作用最普通的例子。又如页岩变成角岩,也是接触变质造成的。它的分布范围局部,附近一定有侵入体。

(2)动力变质作用。这是由于地壳构造运动所引起的、使局部地带的岩石发生变质。特别是在断层带上经常可见此种变质作用。此类变质的岩石主要是因为在强大的、定向的压力之下而造成的,所以产生的变质岩石也就破碎不堪,以破碎的程度而言,就有破碎角砾岩、碎裂岩、糜棱岩等。好在这些岩石的原岩容易识别,故在岩石命名时就按原岩名称而定,如花岗破裂岩、破碎斑岩等。

(3)区域变质作用。分布面积很大,变质的因素多而且复杂,几乎所有的变质因素——温度、压力、化学活动性的流体等都参加了。凡寒武纪以前的古老地层出露的大面积变质岩及寒武纪以后造山带内所见到的变质岩分布区,均可归于区域变质作用类型。例如泰山及五台山所见的变质岩,均为区域变质作用所产生。就岩石而言,包括板岩、千枚岩、片岩、大理岩与片麻岩等。

(4)混合岩化作用。这是在区域变质的基础上,地壳内部的热流继续升高,于是在某些局部地段,熔融浆发生渗透、交代或贯入变质岩系之中,形成一种深度变质的混合岩,是为混合岩化作用。也就是说,在区域变质作用所产生的千枚岩、片岩等,由于熔融浆的渗透贯入而成混合岩。此外,尚有不大常见的气体化水热变质作用、复变质作用。其实,对于野外地质旅行者来说,最常见的变质作用还是接触变质和区域变质两大类,其次是混合岩化作用。

四、沉积岩相剖面

岩相是一定沉积环境中形成的岩石或岩石组合,它是沉积相的主要组成部分。岩相和沉积相是从属关系,而不是同一关系。另外,为了突出沉积环境中的古地理条件和沉积物特征中的岩性特征,通常把"岩相"和"古地理"这两个术语联系在一起,以表示沉积相中最重要最本质的内容。

沉积物的沉积环境和表明沉积环境的岩性特征、生物特征、地球化学特征的总和，就叫做沉积相（图3-7）。例如浅海珊瑚灰岩相，浅海说明环境，珊瑚礁反映古生物特征，灰岩反映岩性特征。总之，"相"是沉积物形成环境和条件的物质表现。沉积环境的特征反映在沉积物的颜色、成分、结构、构造所含的古生物及沉积物本身的原始产状等。沉积岩的相可分陆相、海相、海陆过渡相3种基本类型。再根据岩石建造进一步划分亚类。

图3-7　沉积岩相建造剖面

岩相是随时间的发展和空间条件的改变而变化的。岩相的变化可以从横向和纵向两方面来观察。同一岩层在水平方向的相变，反映了同一时期不同地区的自然地理条件（即沉积环境）的差异。如海洋沉积物可由滨海相过渡到浅海相，一般依次沉积砾岩、砂岩、黏土类石灰岩等，而且所含生物化石也不相同。在垂直岩层剖面方向上的相变，则反映了同一地区但不同时间的自然地理环境的改变，而自然地理环境的重大改变则往往是地壳运动的结果。

海相沉积的总特点是：以化学岩、生物化学岩和黏土岩为主，如石灰岩等；离海岸愈远，碎屑沉积颗粒愈细；在水平方向上岩相变化小，沉积物中含海生生物化石和矿物。海相沉积又可分为滨海相、浅海相、半深海相及深海相4类。

陆相沉积的总特点是：沉积物多以碎屑、黏土和黏土沉积为主，岩石碎屑多具棱角，分选欠佳，在水平方向上岩相变化大，含陆生生物化石。陆相沉积又可分为残积相、坡积相、洪积相、冲积相、湖积相、冰碛相、火山相等。

海陆过渡相的总特点是：属于在海洋与大陆之间过渡环境中的沉积物，其特点为含盐度不正常，含有大量盐度变动生物，如藻类、有孔虫、软体动物等，其沉积作用受海陆二者的影响。过渡相中以三角洲相为主，在古代三角洲体系中发现了大量的矿产，如科威特的布尔干油田（储量为90亿吨），加拿大的含铀砾岩等；中国不少油田与三角洲沉积有关。

第三节　地质构造类（构造形迹）

构造形迹这一术语由李四光首先使用。在自然条件下，地壳中的岩层或岩体发生永久形变而造成的各种地质构造形体和地块、岩块相对位移的踪迹，即包括构造变动和非构造变动产生的各种次生结构要素。如各种不同成因的褶皱和不同性质的断裂、节理、劈理和片理等，还有各种显微裂隙、岩石或矿物的次生定向排列和晶格错位等，不论规模大小和性质差异，统称为构造形迹。通过构造形迹来研究岩石圈构造运动的过程和方式，是地质力学的基本工作内容，也是解决地壳运动问题的重要途径。

一、全球（巨型）构造

20世纪60年代兴起的当代地球科学中最有影响的全球构造学说——板块构造学说。它认为地球的岩石圈分裂成为若干巨大的板块,岩石圈板块沿着塑性软流圈之上发生大规模水平运动;板块与板块之间或相互分离,或相互汇聚,或相互平移,引起了地震、火山和构造运动。板块构造说囊括了大陆漂移、海底扩张、转换断层、大陆碰撞等概念,为解释全球地质作用提供了颇有成效的格架。

固体地球上层在垂向上可分为物理性质截然不同的两个圈层,即上部具一定刚性的岩石圈和下垫的略具塑性的软流圈。岩石圈包括地壳和一小部分上地幔,厚度不一,约在几十千米至200km以上。软流圈大体相当于上地幔低速层,或电导率较高的高导层(低阻层),Q值(介质品质因素,与地震波衰减程度成反比)较低,表明其物质较热、较轻、较软,具一定塑性。

板块是由地震带所分割的内部地震活动较弱的岩石圈单元。由于板块的横向尺度比厚度大得多,故得名。狭长而连续的地震带勾划出了板块的轮廓,它是板块划分的首要标志。全球岩石圈可划分为六大板块(图3-8):欧亚板块、非洲板块、美洲板块、印度板块(或称印度洋板块、澳大利亚板块)、南极洲板块和太平洋板块。有人将美洲板块分为北美板块和南美板块,则全球有七大板块。根据地震带的分布及其他标志,人们进一步划出纳斯卡板块、科科斯板块、加勒比板块、菲律宾海板块等次一级板块。板块的划分并不遵循海陆界线(海岸线),也不一定与大陆地壳、大洋地壳之间的分界有关。大多数板块包括大陆和洋底两部分。太平洋板块是唯一基本上由洋底岩石圈构成的大板块。

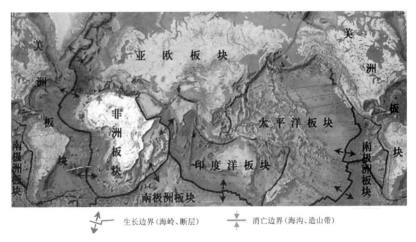

图3-8　世界地形和板块构造图

二、中小型构造

(一)褶皱

岩石中面状构造(如层理、劈理或片理等)形成的弯曲。单个的弯曲也称褶曲。褶皱的面向上弯曲,两侧相背倾斜,称为背形;褶皱面向下弯曲,两侧相向倾斜,称为向形。如组成褶皱的各岩层间的时代顺序清楚,则较老岩层位于核心的褶皱称为背斜;较新岩层位于核心的褶皱称为向斜。正常情况下,背斜呈背形,向斜呈向形,是褶皱的两种基本形式。单个褶皱大者可延伸数十千米,小者可见于手标本或在显微镜下才能见到。

1. 褶皱要素

褶皱的基本组成部分,用以描述褶皱的形态和产状。包括:

（1）核,褶皱的中心部位;

（2）翼,泛指核部两侧比较平直的部分;

（3）轴迹,褶皱面从一翼过渡到另一翼时出露的轴部;

（4）枢纽,同一褶皱面上最大弯曲点的连线;

（5）轴面,各相邻褶皱面的枢纽联成的面,可以是平面,也可以是不规则的曲面,轴面与地面或其他面的交线称为该面上的轴迹;

（6）轴,理想的圆柱状褶皱可以由一条平行其自身移动而描绘出该褶皱面弯曲形态的直线,这一直线又称为褶轴。

褶轴只是具有表明几何方位意义的线段,圆柱状褶皱的枢纽方向代表了褶轴的方向。非圆柱状褶皱可有枢纽线而没有统一的褶轴,只有把它分解成许多近似圆柱状褶皱的区段,才可分别确定其褶轴;脊线和槽线,在横剖面上褶皱面的最高点称为脊,同一褶皱面上脊的连线称为脊线;反之,褶皱面在剖面上的最低点称槽,同一褶皱面上槽的连线称为槽线。

2. 分类

一般依据褶皱的位态或其在空间的产状和褶皱的形态进行几何分类。

1）位态分类或产状分类

根据单个褶皱的枢纽及轴面的产状分为:

（1）直立水平褶皱,轴面近于直立（倾角80°～90°）,枢纽近于水平（0°～10°）;

（2）直立倾伏褶皱,轴面近于直立,枢纽倾伏角10°～70°;

（3）倾竖褶皱,轴面和枢纽均近于直立;

（4）斜歪水平褶皱,轴面倾斜（倾角20°～80°）,枢纽近水平;

（5）斜歪倾伏褶皱,轴面倾斜,枢纽倾伏;

（6）平卧褶皱,轴面和枢纽均近于水平;

（7）斜卧褶皱,轴面和枢纽的倾向和倾角基本一致,轴面倾角20°～80°。

2）形态分类

以在与褶皱轴相垂直的正交剖面上的形态进行划分。根据组成褶皱的岩层厚度变化或各层的曲率变化,利用层的等斜线型来表示。等斜线即同一翼的相邻褶皱面上其切线倾角相等的切点的连线。据此可分为3个类型。

（1）等斜线在背形中成正扇形向内弧收敛,即内弧的曲率比外弧的大。根据其收敛的程度和层的厚度变化可进一步分为3个亚类:IA型褶皱的等斜线强烈收敛,褶皱层的厚度在转折端比翼部的薄,也称顶薄褶皱;IH型是理想的平行褶皱,等斜线垂直层面,上下层面互相平行,褶皱层厚度在各处相等,也称等厚褶皱;IC型褶皱的等斜线略微收敛,层的厚度在转折端比翼部的略厚。

（2）等斜线互相平行,层的厚度在转折端明显大于翼部,但在平行轴面方向上测量的视厚度则各处相等。这类褶皱各层的曲率相同,各层形态相似,故称相似褶皱。

（3）等斜线在背形中呈反扇形向外弧收敛,层的厚度在转折端明显大于翼部,也称顶厚褶皱（图3-9）。

3）根据组成褶皱的各褶皱面之间的几何关系分类

(1)协调褶皱,各褶皱面的弯曲形态一致或作有规律的变化,如平行褶皱和相似褶皱;

(2)不协调褶皱,各褶皱面的弯曲形态彼此有明显的不同,层的厚度变化很不规则。

(二)断裂

顾名思义,断裂是指岩层被断错或发生裂开。据其发育的程度和两侧的岩层相对位错的情况把断裂分为3类。第一类叫劈理,是微细的断裂变动,还没有明显破坏岩石的连续性。最常见的劈理是在褶曲的核部发育的轴面劈理,常呈扇形(以褶皱轴面为对称轴)。第二类称节理,是岩层发生了裂开但两盘岩石没有发生明显的相对位移的断裂变动。按其形成的力学性质,节理可分为张节理和剪切节理。节理常成组出现,如"X"形的共轭节理。第三类为断层,如果断裂两盘的岩石已发生了明显的相对位移,则称断层,是最重要的一类断裂。

按两盘相对运动的方向,断层可分为基本的3类:正断层、逆断层(图3-10)和平推断层。上盘相对下降、下盘相对上升的断层称正断层,断层面

图3-9 嵩山世界地质公园山皇寨景区大型尖棱褶皱构造景观

图3-10 神农架官门山小型逆断层

倾角一般较陡。上盘相对上升、下盘相对下降的断层是逆断层,断层面倾角变化较大,从陡倾到近水平。一系列低角度逆断层组合起来,被冲断的岩片就像屋顶上的瓦片那样一个叠一个,可形象地称为叠瓦状构造。如果断层两侧的岩石不是沿断层面上下移动而是沿水平方向移动,则称平推断层。如果把这3类断层与形成的构造应力联系起来,通俗地说,正断层由拉张应力引起,逆断层是挤压应力的结果(故常造成地壳的缩短),平推断层则与剪切应力有关,其断层面常近直立。

以上讨论的主要是脆性断裂情况,其断裂面是看得见摸得着的。还有两类断裂的断裂面则是看得见却不一定摸得着的。塑性断裂是岩石塑性变形的产物,像流劈理,是因片状或板状矿物的平行排列而使岩石能够分裂成许多平行薄片的构造。粘滞性断裂是岩石在高温、高压下发生粘滞性流动的结果,原岩的结构已完全破坏,原来组成岩石的矿物发生转动并伴有重结晶和再排列作用,形成片理、片麻理和新生面理等。因此,说断裂是不连续变形同样只是相对的。

第四节　古生物类

一、古人类

（一）古人类化石

古人类是对化石人类的一种泛称，西文中无这一专有名词。目前认为从猿类到人类共经过拉玛古猿、南猿、猿人、古人、新人等几个阶段。除新人外均属已绝灭的种类。新人与现代人属于同一亚种，一般以更新世晚期的新人化石划为古人类范畴；全新世以来，也就是新石器时代以后的半化石，属现代人类范畴。古人与现代人同属而不同种。

长期以来，世界范围内属于猿人阶段的人类化石十分稀少，尤其是体骨化石更为罕见。人们对猿人体骨特征的研究只能在极少的材料基础上想象或推测，世界人类学家和考古学家一直处于漫长的等待之中。1984年9月16日－10月2日这短短几天里，在中国营口县城西南8km处的金牛山，一具罕见的、较完整的猿人化石出土了！全部化石代表一个成年不久的男性个体，被命名为"金牛山人"（图3-11）。

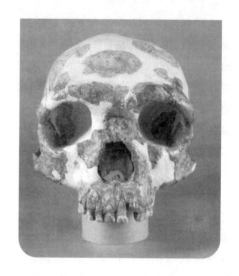

图3-11　金牛山人头骨化石

根据地层、动物群的研究和科学测定，金牛山人生存的地质时代为中更新世晚期，距今28万年左右。金牛山人的头骨化石十分完整，初步观察，它既有原始的特征，也有一些接近智人的进步特征，而且脑量大于同时期的猿人。金牛山人化石的发现填补了这一时期人类发展的空白，为对猿人体质特征及体质演化发展的研究提供了丰富的实物资料。这项重大的发现被列为当年世界十大科技进展项目之一。

（二）古人类活动遗迹

中国古人类学和旧石器时代考古学起步较晚，它们是伴随着学者的发现和研究成长起来的，因此大凡重要的发现就会在它的发展史中出现一种纷然杂陈的局面，更加激发学者们探索的活力。

如果把1922年发现河套人作为开端的话，中国古人类学迄今只不过走了短短80多年的历程。对于80余年的发现历程，据不完全统计已发现的旧石器时代人类化石地点已经接近70处，旧石器地点则多达1 000余处，分布的地区已经遍布全国所有的省和自治区，北到黑龙江的呼玛十八站，南达云南省河口桥头，东到吉林省安图县明月沟，西达西藏自治区土日扎布。其中已经发现的直立人和早期智人的化石地点各达10多处，晚期智人地点达40多处。

河套人是我们最早熟悉的中国古人类化石名称之一。其实它源于1922年在内蒙古萨拉乌苏发现的一颗八九岁儿童门齿，加拿大籍学者步达生定名为"鄂尔多斯牙齿"。20世纪40年代，裴文中将其译作"河套人"。

20世纪20年代，周口店北京人遗址（图3-12）的发掘，无疑是中国旧石器时代考古的最重要事件，30年代的山顶洞人的发掘，也取得了丰硕成果。

中华人民共和国成立后，旧石器时代考古和古人类考古进入了一个迅速发展时期，以中断了12年的周口店遗址恢复发掘为起点，吹响了走向全国的号角。50多年来，从东到西，从南到北，追寻我们祖先的足迹，探索他们发展的历史，了解他们的生活和文化，都取得了重要成果。

图3-12 周口店北京人遗址

1986年出版的《中国大百科全书·考古学卷》则以地域区系为纲，年代早晚为目介绍了这些发现。按照6个地区划分勾勒出中国境内古人类遗址的分布和不同地区发展的脉络，使人了解不同地区的特点。

（1）中国东北地区旧石器文化；

（2）华北地区人类化石和旧石器文化；

（3）华中地区人类化石和旧石器文化；

（4）中国西南地区人类化石和旧石器文化；

（5）青藏地区旧石器文化；

（6）中国东南地区人类化石和旧石器文化。

通过这些，我们可以看到：一条代表人类进化和旧石器文化发展的链条逐步地连接起来；谁是我们最早的祖先，中国旧石器时代的年代上限大大提早；东北、东南、西南、华中广大地区旧石器遗址的空白得到填补；已有重要发现的华北地区又有新的发展；中国境内远古人类与旧石器文化发展序列逐步确立。

二、古动物

（一）古无脊椎动物

古无脊椎动物（图3-13）包罗了动物界中除脊椎动物以外的所有生物：有最原始的

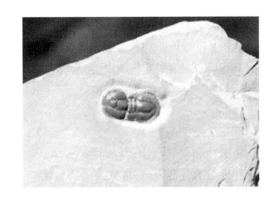

图3-13 古无脊椎动物——节肢动物门

以纤毛或鞭毛运动的单细胞生物；也有组织和器官分化得相当完善的不同门类的动物；还有一些目前分类位置尚有争议的门类，如牙形石；甚至包括了目前所知甚少的古怪的动物，如疑源类和一些小壳化石。尽管无脊椎动物各门类之间生物构造差异很大，但是从总体来看它们反映出由低级到高级、由简单到复杂这样一个演化过程。

古无脊椎动物作为化石而言具有其他生物无可比拟的地质学意义：显生宙以来的化石记录无论是丰度还是分异度都以无脊椎动物居首位；地质时间表主要是依无脊椎动物化石而建立的；通过各个不同类别的无脊椎动物化石在岩层序列中的相对位置，经过仔细的综合分析而确定它们在地史时期的延续时间。按照动物化石的层序及由此而产生的相对地质时代的概念，可以从显生宙以来的地质记录中识别出一系列地质单位——系。基于古生物建立的相对地质时代和基于放射性测定而制定的绝对地质时代，共同构成地质历史的格架。由于地史中大多数沉积都是海相或浅海相的，无脊椎动物几乎全部都是以海洋为生活环境，它们的化石记录通常能反映出它们生存时的自然环境，不同生物类别相互间的依存和竞争关系，虽然化石记录从一定程度上来看很少有完整的，但它们是了解生物的形成、适应、辐射和演化唯一的直接证据，也是了解和恢复地史发展和变化的必要途径之一。

已知最古老的动物化石在大约距今6.5亿～7.5亿年间形成，普通确认的产地有澳大利亚、非洲、加拿大、英格兰、前苏联和美国。该动物群以南澳大利亚埃迪卡拉山产地命名，称埃迪卡拉动物群，是包括许多属种在内的软躯体无脊椎动物。大约在距今6亿年前左右，出现了无脊椎动物的矿化硬体，一般将这一事件作为显生宙的开始。

（二）古脊椎动物

脊椎动物演化的第一次革命，是脊椎的出现。由于有了脊椎的支撑，动物们更加坚强和灵活，适应性也更强，为以后数亿年的进化奠定了基础。

5亿多年前，最早的脊椎动物——无颌类诞生在寒武纪的海洋中。蔚蓝色的海洋不仅孕育了地球上最初的生命，也见证了这次生物进化史中的重大事件。4亿多年前，"颌"的出现把鱼类推上了历史的舞台，古生代的海洋便成为鱼的世界。接着是脊椎动物征服大陆环境的尝试，最早的四足动物——两栖类也因此而产生。在距今3亿～4亿年前，爬行动物产下了第一枚羊膜卵，标志着它们对陆地生活更加适应了。中生代登场的是鸟类和哺乳动物，它们都是爬行动物的后代，其中鸟类还与恐龙（图3-14）结下了数不清的恩恩怨怨。

三、古植物

古植物和现代植物一样，种类繁多。根据植物体构造的复杂程度，可分为低等植物和高等植物两大类。低等植物是由单细胞和多细胞组成的条状、丝状、片状的植物体，不具有

图3-14　长尾羽的侏罗纪恐龙化石

根、茎、叶的分化，称为叶状体植物。大多在水体中营浮游生活方式，一般无输导组织。高等植物则形体复杂，分化出真正的根、茎、叶，称茎叶植物（图3-15）。主要在陆地上营固着生活方式，具有司输导作用的维管束。

四、古生物遗迹（遗迹化石）

遗迹化石指地质历史时期的生物遗留在沉积物表面或沉积物内部的各种生命活动的形迹构造形成的化石。不包括由生物体变成的实体化石，更不包括各种自然应力（物理的和化学的）所形成的无机沉积构造。从沉积学角度来看也可以说遗迹化石是各种生物成因的沉积构造，如各种生物扰动、足迹、移迹、潜穴、粪化石等，以及生物侵蚀构造，如钻孔等。

图3-15 古植物化石

1. 遗迹化石的性质

（1）绝大多数遗迹化石都是原地保存，不像许多实体化石会被水流搬运。无论是产生于沉积物表面的足迹、移迹或产生在沉积物内部的潜穴、钻孔，都会随着沉积物的成岩固结作用而保存在原地。水流作用只能导致其侵蚀和破坏，并不起搬运作用。遗迹化石的这种性质，可以用来更准确地恢复沉积环境。因此，多数遗迹化石是可靠的指相化石。地层中同一个化石产地所发现的遗迹化石组合称为遗迹群落，它是一个生物群落中造迹生物活动的证据。

（2）遗迹化石的地史分布一般比古生物实体化石长，不像许多实体化石那样可以作为标准化石，这主要是因为代表生物习性特征的遗迹化石不像各种生物形态特征那样演化迅速。这一方面降低了遗迹化石的生物地层学价值，另一方面却提高了它们的指相意义。在地史时期相类似的环境条件重复出现时，一些相类似的遗迹组合就会在不同地质时期重复出现。赛拉赫把这些在地史时期重复出现的遗迹组合称为遗迹相。

（3）同一种造迹生物由于习性行为不同，可以形成几种完全不同的遗迹（同物异迹）。例如，三叶虫在海底上爬行产生的足迹，称双轨迹；三叶虫在底层形成的停息迹为椭圆二叶形，称皱饰迹；三叶虫的觅食潜穴称二叶石或克鲁斯迹。相反的情况是不同门类的生物由于适应相似的环境可以形成相同的遗迹（异物同迹）。例如，在近岸强烈水动力条件下的砂岸，不同门类的生物可以造成垂直管潜穴石针迹，或者不同的生物可以形成U形潜穴。

2. 遗迹化石的分类

1）停息迹

停息迹是指动物停止运动、栖息隐藏或伺机捕食，在底层沉积物上形成低浅的凹坑，凹坑反映该动物的腹侧印痕，但在化石状态下却容易保存为上覆岩层的底部凸起内模。软体动物、海星、蛇尾、蟹、虾、鱼以及三叶虫均可以造成停息迹，现代浅海透光带许多动物隐避在底层，或略被砂所掩埋，或利用色泽与底层相似而伪装等，均可造成停息迹。有些动物有趋流性，它们的口部或觅食器官向水流排列，所以停息迹可以有一定的排列方向。停息迹大多数为浅海大陆架环境,少数也可以产生在较深水(如海星停息迹)。

2)居住迹

居住迹多为底栖半固着的滤食性动物为保护自己能永久栖居而建造,常为垂直或斜穿沉积物的营穴或钻孔,也可以是U形或分支的潜穴系统,生物居住构造有两个特征:一是坚固不易破坏,常具各种黏结构造或衬里;二是潜穴一定要与海底上的海水沟通,以利于新鲜水流的循环,从而带来食物和新鲜氧气并带走排泄的废物。钻孔则是在坚硬的岩石、木头、贝壳、卵石上形成的。居住在洞穴内的生物大多具有特殊的滤食性觅食构造(如舌形贝用触手,蠕虫和腹足类利用粘膜网,双壳类用水管,海胆用步足等),有些居住构造兼营觅食活动。

3)觅食迹

觅食迹是由内生以沉积物为食的动物深入沉积物内部,为找寻食物而形成的觅食潜穴。这些动物经常围绕居住地穿过沉积物形成各种生物扰动构造。许多蠕虫类是有效的食泥动物,此外软体动物和部分节肢动物均可形成觅食迹。觅食迹可以是垂直或平行层面的潜穴或通道,也可以是从J形或U形管开始围绕潜穴剥食周围沉积物。觅食动物可以无选择地大量吞食沉积物,也可以选食较细的颗粒,它们常常把分选的或经过消化的排泄物残余堆在旁边。因此,觅食迹的主要特征是在潜穴内部或其通道两旁形成各种回填构造。

4)牧食迹

牧食迹是由动物沿沉积底层表面或其附近,一面爬行一面啃食海底藻类薄膜或沉积物表层的有机物,形成的非常系统的蛇曲形、放射形等高度对称的花纹构造,大多是由活动性强的环节动物、节肢动物、软体动物及棘皮动物形成,它们形成的蛇曲形、螺旋形觅食花纹排列越紧密,表明它们的觅食效率越高。许多牧食迹往往是深海浊流沉积物所特有的遗迹化石。

5)爬行迹

爬行迹是指动物运动形成的各种足迹、移迹、通道。足迹主要是由有脚的较高级的动物(脊椎动物)以四足或两足行走,或节肢动物以附肢爬行运动形成的,那些缺乏发育的运动器官的蠕虫、双壳动物、腹足动物、海胆等可以形成移迹或通道。爬行迹大多形成于潮湿的沉积底层表面之上或水下沉积顶面成凹形印痕,由于容易在形成后被风化或水流破坏,所以往往是迅速埋藏形成的(图3-16)。

图3-16 鄂旗查布苏木恐龙足迹遗迹化石

第五节　矿物与矿床类

矿床(mineral deposit)是地表或地壳里由于地质作用形成的、并在现有条件下可以开采和利用的矿物的集合体,也叫矿体。矿床是地质作用的产物,但又与一般的岩石不同,它具有经济价值。矿床的概念随经济技术的发展而变化。19世纪时,含铜高于5%的铜矿床才有开采价值,随着科技进步和采矿加工成本的降低,含铜0.4%的铜矿床已被大量开采。

一、金属矿床

可供工业上提取金属矿产的矿床为金属矿床。按照工业用途及金属性质,将金属矿床划分如下。

(1)黑色金属矿床。包括铁、锰、钒、钛、铬等矿床,主要用于冶金工业。

(2)有色金属矿床。有铝、镁、铜、铅、锌、镍、钴、钨、锡、钼、汞、锑等矿床,用于电气、航空、机械、通讯、造船、建筑、化工等部门。

(3)稀有和稀土金属矿床。稀有金属包括锂、铯、铌、钽、铍、铷、锶、锆等,稀土金属包括镧、铈、钇、镨、钆、钐等17种元素。它们在地壳中丰度很低,不易富集或在选冶技术上提取比较困难,但在工业上有特殊用途,主要用于航天、原子能、石油、化工、电子等部门。

(4)贵金属矿床。一组性质独特、价格昂贵的金属,包括金、银和铂族金属(铂、钯、铱、铑、锇、钌)。

(5)放射性金属矿床。包括铀和钍矿床,用于原子能工业和冶金、仪器和医学等方面。

(6)分散元素矿床。由于过分稀少很难形成独立矿物,因而分散在其他矿物或介质中的元素,称为分散元素,包括锗、镓、铟、铊、镉、铊、硒、碲、铼、铪等,用于电子、冶金、化工、石油、航天等部门。

二、非金属矿床

可供工业上提取非金属矿产的矿床为非金属矿床。除少数非金属矿产是用来提取某种元素(如磷、硫)外,大多数非金属矿产是利用其矿物或矿物集合体(包括岩石)的某些物理、化学性质和工艺特性。例如,金刚石利用其极高硬度和美丽光泽,石棉则利用其隔热性能。按照工业用途的不同,非金属矿产划分如下。

(1)冶金辅助原料(熔剂和耐火材料等)。如菱镁矿、萤石、耐火黏土和石灰岩等。

(2)化工及农用原料。如黄铁矿、磷灰石、钾盐、明矾石、蛇纹石等。

(3)工业制造原料。如石墨、水晶、金刚石、云母、石棉、重晶石、刚玉等。

(4)宝石及玉石类(包括工艺石料)。宝石类有金刚石、刚玉、绿柱石、贵蛋白石、黄玉、石榴子石、电气石等;玉石有软玉、鸡血石、青金石、蛇纹石等。

(5)建筑材料。如砂、砾石、石灰石、大理石、花岗石、石膏等。按用途又可分为水泥原料(石灰石、大理石)、粘合材料(石膏、石灰石)、集料(砂、卵石、砾石)、砖瓦材料(黏土、黄土、页岩等)、建筑石材(花岗石、大理石、蛇纹岩等)、玻璃原料(石英砂、石英岩)、陶瓷原料(高岭石、叶蜡石、滑石、细晶岩等)、轻质隔音隔热绝缘耐蚀材料(珍珠岩、硅藻土、浮石、火山灰、蛭石、石膏、玄武岩、辉绿岩、石棉等)。还有用于高新技术的材料(冰洲石等)。

三、能源矿床

能源矿床主要指能够转换成为机械能、热能、电磁能和化学能的各种能量的资源,也就是能产生能量的物质。在现阶段的科技水平下人们已经广泛使用而技术比较成熟的能源,称为常规能源或传统能源,如煤炭、石油、天然气、水能等。有些能源虽然早为人类所利用,但目前尚未得到广泛充分的利用,有些能源在利用技术方面还有待于不断完善和提高,称为新能源,如地热能、核燃料、海洋能等。从能源地质学的角度来看,许多能源如煤炭、石油、天然气、油页岩、铀、钍等,都是地壳演化过程中的自然产物,称为地壳能源。

第六节 地貌景观类

一、岩石地貌景观

(一)花岗岩地貌景观

花岗岩是地面上最常见的酸性侵入体。它质地坚硬,岩性较均一,垂直节理发育,多构成山地的核心,成为显著的隆起地形,在流水侵蚀和重力崩塌作用下,常形成挺拔险峻、峭壁耸立的雄奇景观。表层岩石球状风化显著,还可形成各种造型逼真的怪石(图3-17、图3-18),具较高的观赏价值。

我国的花岗岩山地分布广泛,集中分布在云贵高原和燕山山脉以东的第二、三级地形阶梯上。以海拔2 500m以下的中低山和丘陵为主,其他一些山地也有分布。中国的许多名山,如东北的大、小兴安岭,辽宁千山、凤凰山,山东的泰山、崂山、峄山,陕西的华山、太白山,安徽的黄山、九华山、天柱山、司空山,浙江的莫干山、普陀山、天台山,湖南的衡山、九嶷山,江西的三清山,河南的鸡公山,福建的太姥山、鼓浪屿,广东的罗浮山,广西的桂平西山、猫儿山,

图3-17 山西石鼓祠西花岗岩地貌(石鼓石)　　　图3-18 位于安徽省岳西县境内的花岗岩体
　　　　　　　　　　　　　　　　　　　　　　　　　　　　　　——司空山(世界第一大佛)

湖北的九宫山、黄冈陵,江苏的灵岩山、天平山,天津的盘山,北京的云蒙山,河北的老岭,宁夏的贺兰山,甘肃的祁连山,四川的贡嘎山,海南的大洲岛、铜鼓岭、七星岭、五指山等,几乎全部或大部分为花岗岩所组成。其中许多已成为国家风景名胜区和自然保护区。

花岗岩由于节理风化、崩塌等作用,常形成峭壁悬崖、孤峰擎天、石柱林立等奇特景观,著名的如黄山莲花峰(图3-19)、炼丹峰和天都峰三峰鼎立,华山的东西南北中五峰相峙;天柱山的天柱峰(图3-20),九华山的观普峰也非常典型。

球形风化景观,著名的有海南的天涯海角、鹿回头、南天一柱,浙江普陀山的师石,辽宁千山的无根石,安徽天柱山的仙鼓峰和黄山的仙桃石等。

图3-19 黄山典型花岗岩地貌景观——莲花峰　　　　　图3-20 安徽天柱山天柱峰

(二)碎屑岩地貌景观

碎屑岩是由于机械破碎的岩石残余物,经过搬运、沉积、压实、胶结,最后形成的新岩石。又称陆源碎屑岩。碎屑岩中碎屑含量达50%以上,除此之外,还含有基质与胶结物。基质和胶结物胶结了碎屑,形成碎屑结构。按碎屑颗粒大小可分为砾岩、砂岩、粉砂岩等。

按物质来源可分为陆源碎屑岩和火山碎屑岩两类。火山碎屑岩按碎屑粒径又分为集块岩(>64mm)、火山角砾岩(2~64mm)和凝灰岩(<2mm)。陆源碎屑岩按碎屑的粒径,可分砾岩(角砾岩)、砂岩和粉砂岩。砾岩有棱角者称角砾岩,按砾石大小又可细分为巨砾岩(>256mm)、粗砾岩(64~256mm)、中砾岩(4~64mm)、细砾岩(2~4mm)。砂岩按砂粒大小可细分为巨粒砂岩(1~2mm)、粗粒砂岩(0.5~1mm)、中粒砂岩(0.25~0.5mm)、细粒砂岩(0.1~0.25mm)、微粒砂岩(0.062 5~0.1mm)。粉砂岩按粒度可分为粗粉砂岩(0.031 2~0.062 5mm)、细粉砂岩(0.003 9~0.031 2mm)。碎屑岩主要由碎屑物质和胶结物质两部分组成。

1. 丹霞地貌

1)名称起源

1928年,获美国哥伦比亚大学地质学硕士学位的矿床学家冯景兰,在我国粤北仁化县注意到了分布广泛的第三纪(165万~6 500万年前)红色砂砾岩层。在丹霞山地区,厚达300~500m的岩层被流水、风力等风化侵蚀,形成了堡垒状的山峰和峰丛,千姿百态的奇石、石桥和石洞。冯景兰意识到这是一种独特的地貌景观,并把形成丹霞地貌的红色砂砾岩层命名为丹霞层。而"丹霞"一词源自曹丕的《芙蓉池作诗》"丹霞夹明月,华星出云间",指天上的彩霞。

2）分布区域

丹霞地貌主要分布在中国、美国西部、中欧和澳大利亚等地，以中国分布最广。到2008年1月31日为止，中国已发现丹霞地貌790处，分布在26个省区。广东省韶关市东北的丹霞山以赤色丹霞为特色，由红色沙砾陆相沉积岩构成，是世界"丹霞地貌"命名地，在地层、构造、地貌、发育和环境演化等方面的研究在世界丹霞地貌区中最为详尽和深入。在此设立的丹霞山世界地质公园，总面积319km²，2004年经联合国教科文组织批准为中国首批世界地质公园之一。

中国的丹霞地貌广泛分布在热带、亚热带湿润区，温带湿润-半湿润区、半干旱-干旱区和青藏高原高寒区。福建泰宁、武夷山、连城、永安，甘肃张掖（张掖市临泽县和肃南裕固族自治县），湖南怀化通道侗族自治县东北部万佛山、邵阳新宁县崀山（位于湖南省西南部，青、壮、晚年期丹霞地貌均有发育），云南丽江老君山，贵州赤水（约有1 300km²），江西龙虎山、鹰潭、弋阳、上饶、瑞金、宁都，青海坎布拉、广东仁化丹霞山、坪石镇金鸡岭、南雄县苍石寨、平远县南台石和五指石，浙江永康、新昌，广西桂平的白石山、容县的都峤山，四川江油的窦圌山、成都都江堰市的青城山，重庆綦江的老瀛山，陕西凤县的赤龙山以及河北承德等地，是中国丹霞地貌的典型地质地貌。

3）中国最美七大丹霞地貌

2005年，在《中国国家地理》杂志举办的"选美中国"活动中，评选出了"中国最美的七大丹霞"，名称与当时标注的所属地分别如下（标注双市名的后者为县级市）：

第一名：丹霞山（广东省韶关市仁化县）；

第二名：武夷山（福建省南平市武夷山市）；

第三名：大金湖（福建省三明市泰宁县）；

第四名：龙虎山（江西省鹰潭市）；

第五名：资江—八角寨—崀山丹霞地貌（包括广西壮族自治区桂林市资源县的八角寨与湖南省邵阳市新宁县的崀山，实际上这两处景观基本在一起，因为均地处湘桂两省交界处）；

第六名：张掖丹霞地貌（甘肃省张掖市临泽县和肃南裕固族自治县）；

第七名：赤水丹霞地貌（贵州省遵义市赤水市）。

4）丹霞地貌与世界遗产

中国2009年世界自然遗产提名项目目前已经正式确定为"中国丹霞地貌"，此次申报，首次由6个丹霞地貌风景地共同提出。此次申遗的6个提名地分别是：湖南崀山、广东丹霞山、福建泰宁、江西龙虎山、贵州赤水、浙江江郎山。总面积82 151hm²，缓冲区总面积136 206hm²。

中国丹霞是一个由陡峭的悬崖、红色的岩石、密集深切的峡谷、壮观的瀑布及碧绿的河溪构成的景观系统，天然森林广泛覆盖。典型景观可以用丹山、碧水、绿树、白云几个词概括。

2010年8月5日，湖南崀山、广东丹霞山（图3-21）、福建泰宁、江西龙虎山、贵州赤水、浙江江郎山（图3-22）。因"色如渥丹，灿若明霞"而命名的丹霞地貌，被联合国世界遗产委员会一致同意列入《世界遗产名录》。

2. 张家界地貌

张家界地貌是砂岩地貌的一种独特类型，它是"在中国华南板块大地构造背景和亚热带湿润区内，由产状近水平的中、上泥盆统石英砂岩为成景母岩，以流水侵蚀、重力崩塌、风化等营力形成的，以棱角平直的高大石柱林为主，以及深切嶂谷、石墙、天生桥、方山、平台等造型地貌为代表的地貌景观"。

张家界在区域构造体系中,处于新华夏第三隆起带,在漫长的地质历史时期内,大致经历了武陵—雪峰、印支、燕山、喜山及新构造运动成了本区域的基本构造地貌格架,而喜山及新构造运动是形成张家界奇特的石英砂岩峰林地貌景观的最基本的内在因素。而外力地质活动作用的流水侵蚀和重力崩塌及其生物的生化作用和物理风化作用,则是塑造张家界地貌景观必不可少的外部条件。因此,它的形成是在特定的地质环境中内外力长期相互作用的结果。

晚古生代中晚泥盆纪时期,湖南西北地区地壳下降,发生大面积海浸,成为一片汪洋。张家界处于川湘凹陷地带之深海处,靠近古陆,接纳了由流水水源不断地从邻近古陆搬迁来的大量松散碎屑物质,经过沉积和漫长而又复杂的成岩过程,形成厚达500多米的石英砂岩。经过漫长的流水切割、差异风化、重力崩塌等外营力作用,便形成了现在所看到的怪诞诡谲的峰林峡谷。石英砂岩峰林景观标新立异,独树一帜,具有极高的旅游观光价值和科研价值。

2010年11月9日—11日张家界砂岩地貌国际学术研讨会暨中国地质学会旅游地学与地质公园研究分会第25届年会在张家界举行。国际地貌学家协会副主席彼得·米根等来自新西兰、英国、波兰、澳大利亚、美国、德国和日本7个国家的16位国外地貌学权威,以及中国科学院院士李廷栋、刘嘉麒等中国大陆、台湾和香港的20多位知名地质地貌学专家参加了会议。与会专家在进行了实地考察,并听取研究课题组关于张家界地貌特征与演化过程的主题报告后,将张家界特征鲜明、规模巨大的独特砂岩地貌类型确定为张家界地貌(图3-23),凡在世界任何国家和地区发现类似张家界石英砂岩峰林的地貌,都可统称张家界地貌。自此,张家界地貌获得国际学术界认定。

图3-21　广东丹霞山典型丹霞地貌景观

图3-22　浙江江郎山丹霞地貌景观

图3-23　典型张家界地貌景观

(三)可溶岩地貌(喀斯特地貌)景观

1. 基本情况

喀斯特地貌(karst landform)是具有溶蚀力的水对可溶性岩石进行溶蚀等作用所形成的地表和地下形态的总称,又称岩溶地貌。除溶蚀作用以外,还包括流水的冲蚀、潜蚀,以及坍陷等机械侵蚀过程。喀斯特(Karst)一词源自前南斯拉夫西北部伊斯特拉半岛碳酸盐岩高原的名称,意为岩石裸露的地方,喀斯特地貌因近代喀斯特研究发起于该地而得名。喀斯特地貌分布在世界各地的可溶性岩石地区。

可溶性岩石有3类:①碳酸盐类岩石(石灰岩、白云岩、泥灰岩等);②硫酸盐类岩石(石膏、硬石膏和芒硝);③卤盐类岩石(钾、钠、镁盐岩石等)。可溶性岩石占地球总面积的10%。从热带到寒带、由大陆到海岛都有喀斯特地貌发育。中国喀斯特地貌分布广、面积大,主要分布在碳酸盐岩出露地区,面积约91万~130万 km^2。其中以广西、贵州、云南和四川青海(即云贵高原)东部所占的面积最大,是世界上最大的喀斯特区之一。西藏和北方一些地区也有分布。

按出露条件,喀斯特地貌可划分为裸露型喀斯特、覆盖型喀斯特、埋藏型喀斯特。按气候带可分为热带喀斯特、亚热带喀斯特、温带喀斯特、寒带喀斯特、干旱区喀斯特。按岩性可分为石灰岩喀斯特、白云岩喀斯特、石膏喀斯特、盐喀斯特。此外,还有按海拔高度、发育程度、水文特征、形成时期等不同的划分。由其他不同成因而产生形态上类似喀斯特的现象,统称为假喀斯特,包括碎屑喀斯特、黄土和黏土喀斯特、热熔喀斯特和火山岩区的熔岩喀斯特等。它们不是由可溶性岩石所构成,在本质上不同于喀斯特。

按发育演化,喀斯特地貌可分出以下6种。

(1)地表水沿灰岩内的节理面或裂隙面等发生溶蚀,形成溶沟(或溶槽),原先成层分布的石灰岩被溶沟分开成石柱或石笋。

(2)地表水沿灰岩裂缝向下渗流和溶蚀,超过100m深后形成落水洞。

(3)从落水洞下落的地下水到含水层后发生横向流动,形成溶洞。

(4)随地下洞穴的形成地表发生塌陷,塌陷的深度大面积小,称坍陷漏斗,深度小面积大则称陷塘。

(5)地下水的溶蚀与塌陷作用长期相结合地作用,形成坡立谷和天生桥。

(6)地面上升,原溶洞和地下河等被抬出地表成干谷和石林。

云南路南的石林是上述第一阶段(溶沟阶段)的产物,这里的自然风光因阿诗玛姑娘的动人传说而变得格外旖旎。桂林的象鼻山,则是原地下河道出露地表形成的。在广西境内,经常可看到这种抬升到地表以上的溶洞,俗称神女镜或仙女镜。

溶洞的形成是石灰岩地区地下水长期溶蚀的结果。石灰岩的主要成分是碳酸钙($CaCO_3$),在有水和二氧化碳时发生化学反应生成碳酸氢钙[$Ca(HCO_3)_2$],后者可溶于水,于是有空洞形成并逐步扩大。这种现象在南欧亚德利亚海岸的喀斯特高原上最为典型,所以常把石灰岩地区的这种地形笼统地称为喀斯特地貌。

2. 我国著名喀斯特地貌景观

我国喀斯特地貌分布广泛,造物主为中华儿女精雕细刻了许多天然的屏风,喀斯特地貌为我国的旅游业带来无限生机,并且我国喀斯特地貌类型多样,是进行科学研究的宝贵财富。

我国著名的喀斯特景观名胜区分布如下。

广东：肇庆七星岩有7座石灰岩山峰形如北斗七星，山前星湖潋滟，山多洞穴，洞中多有暗河、各种奇特的溶洞堆积地貌。

广西：桂林山水和阳朔风光主要是以石芽、石林、峰林、天生桥等地表喀斯特景观著称于世（图3-24），并且是山中有洞，无洞不奇。以岩洞地貌为主的芦迪岩洞景观，景观内有各种奇态异状的溶洞堆积地貌，形成了碧莲玉笋的洞天奇观；七星岩石钟乳构成的地下画廊，琳琅满目；武鸣伊岭岩、北流沟漏洞、柳州都乐岩、兴平莲花岩、兴安乳洞、永福百寿岩、宜山白龙洞、凌云水源洞、龙州紫霞洞等也都是著名的溶洞景观区。

云南：路南石林风景区地表峰林奇布，主要为高大巨型石芽群景观，大部分灰岩山峰分布在河谷两侧，各种形态的石峰似人似物，形态逼真、栩栩如生。溶洞景观有泸西阿庐古洞、奇风洞、玉溪溶洞，建水燕子洞，九乡溶洞。

贵州：有兴义尼函石林、修文石林等石林区；中国最大瀑布——黄果树瀑布岩壁为瀑布华地貌；溶洞地貌较多，主要有黄果树瀑布附近龙宫洞、贵阳地下公园、镇宁犀牛洞、镇远的青龙洞、龙山的仙人洞、贵州的织金洞、黔灵山麒麟洞。

四川：九寨沟钙华滩流属于水下地表堆积地貌，如珍珠滩瀑布；黄龙风景区钙化池（图3-25）、钙化坡、钙化穴等组成世界上最大而且最美的岩溶景观；石柱县新石拱桥为喀斯特天生桥地貌。

湖南：武陵源黄龙洞、冷水江波月洞，都是奇特洞溶洞景观，各种堆积地貌罗列其中，如神仙府洞，奥妙无穷。

江西：鄱阳湖口石钟山景区绝壁临江洞穴遍布；彭泽龙宫洞长2 000m，洞内可泛舟观景，堪称地下艺术宫殿。

浙江：瑶琳仙境位于桐庐县，是浙江省规模恢弘、景观壮丽的岩溶洞穴旅游胜地，也是浙江迄今发现的最大洞穴；洞长1 000m，共有6个洞天，以"雄、奇、丽、深"闻名于世。

江苏：宜兴石灰岩溶洞有"洞天世界"的美称，善卷洞、张公洞、灵谷洞又称"三奇"，洞壑深邃，多奇石异柱，泛舟其中如入海底龙宫。

吉林：通化鸭园溶洞，有4个大厅，洞内满布石柱、石笋、石钟乳、石瀑、石帘、石莲花、石幔等堆积景观，并且深处有溶岩潭，深不可测，无法前往。

辽宁：本溪水洞，属于大型充水溶

图3-24 广西典型喀斯特地貌景观

图3-25 四川黄龙钙化池景观

洞。水洞全长5 800m,现已开发2 800m,面积3.6万平方米,空间40余万立方米,最开阔处高38m,宽70m。本溪水洞是目前发现的世界第一长的地下充水溶洞。河道曲折蜿蜒,河水清澈见底,洞内分三峡、七宫、九弯,故名九曲银河。洞内钟乳石、石笋与石柱多从裂隙攒拥而出,不假雕饰即形成各种物象。大连冰峪沟,是黄河以北罕见的保存完整的喀斯特地貌。经地质专家的多次考察,这里的地质是第四纪冰川期形成的,并在这里发现了多种冰川遗迹。这里植被丰富,森林覆盖率达90%以上。

这些地方既可以进行旅游观光又可以进行科研考察,是旅游观光的明珠,是科学研究的宝库。

(四)黄土地貌景观

中国是世界上研究黄土地貌最早的国家。2000多年前就有"天雨黄土、昼夜昏霾"涉及黄土地貌堆积过程的记载;800多年前,北宋沈括对河南、陕西一带的黄土侵蚀地貌形态作了生动描述;历代在治理黄河下游河患方略的讨论中,已认识到黄土高原侵蚀产沙是其根源。19世纪后期至20世纪前期,许多中外学者发表了研究中国黄土地貌的论著,并与欧洲黄土进行对比。

黄土在世界上分布相当广泛,占全球陆地面积的1/10,成东西向带状断续地分布在南北半球中纬度的森林草原、草原和荒漠草原地带。在欧洲和北美,其北界大致与更新世大陆冰川的南界相连,分布在美国、加拿大、德国、法国、比利时、荷兰、中欧和东欧各国、白俄罗斯和乌克兰等地;在亚洲和南美则与沙漠和戈壁相邻,主要分布在中国、伊朗、俄罗斯的中亚地区、阿根廷;在北非和南半球的新西兰、澳大利亚,黄土呈零星分布。

中国是世界上黄土分布最广、厚度最大的国家,其范围北起阴山山麓,东北至松辽平原和大、小兴安岭山前,西北至天山、昆仑山山麓,南达长江中、下游流域,面积约63万平方千米。其中以黄土高原地区最为集中,占中国黄土面积的72.4%,一般厚50～200m(甘肃兰州九洲台黄土堆积厚度达到336m),发育了世界上最典型的黄土地貌。

地貌类型主要有黄土沟间地、黄土沟谷和独特的黄土潜蚀地貌(图3-26)。

二、火山地貌景观

火山地貌是由地壳内部岩浆喷出堆积成的山体形态。

1. 形态结构

火山通常由火山锥、火山口和火山喉管3部分组成。

火山锥指火山喷出物在火山口附近所堆积成的锥状山体。根据内部构造和组成物质,火山锥分为4类。

(1)火山碎屑锥。由固体喷发物(火山灰、火山砂、火山砾)与炽热气体一起喷出,在空中飞腾、冷

图3-26　黄土地貌景观

却变硬降落堆积而成。外形呈圆锥形,由成层的火山碎屑组成。上部坡度较陡,下部坡度较缓,锥顶端有一个火山口或破火山口。

(2)熔岩锥。坡度很小的熔岩堆积体,由流动的熔岩形成,又称盾形火山。

(3)混合锥。由熔岩和火山碎屑交互成层组成。

(4)熔岩滴丘。体积不大、周边较陡的熔岩锥,由黏性很高的熔岩喷发后急剧冷却形成。

火山口是火山锥顶部喷发地下高温气体和固体物质的出口。平面呈近圆形,大部分火山口是一个漏斗形体,也有底部是平的。有些火山口底部呈坑状,为固结的熔岩,称为熔岩坑;坑口常能积水成湖,成为火山口湖(或称天池),如中国东北长白山上的天池。一些大型火山口常具缺口,称为破火山口,形成原因是:①火山再次爆发崩毁了火山口的岩石,形成爆发破火山口;②火山再次喷发使火山口周围上覆体失去下层支撑引起崩塌,形成崩塌破火山口;③火山口受流水侵蚀破坏,形成侵蚀破火山口。

火山喉管是火山作用时岩浆喷出地表的通道,又称火山通道。呈圆筒状,有的呈长条状或不规则状,前者多由中心喷发形成,后者常与裂隙喷发有关。火山喉管中的火山碎屑物和残留岩浆冷却后,凝结在火山管道内成为近于直立的圆柱状岩体。如上层的熔岩被侵蚀,火山颈成为突出地面的柱状山,称为颈丘。

2. 类型

根据火山喷发的特点和形态特征,划分为以下类型。

(1)盾形火山。多由熔岩组成,因坡度平缓、顶部平坦宽广而命名。夏威夷岛和冰岛都有熔岩构成的盾形火山,夏威夷的是多中心喷发而成,冰岛的是裂隙喷发形成。夏威夷岛冒纳罗亚火山是典型的盾形火山,所以盾形火山又称夏威夷型火山。

(2)穹形火山。由熔岩组成,多形成在原先的火山口内或火山锥旁侧的喷火口上,由火山喷出极黏稠的熔岩堵塞在火山口内,进而向上隆胀形成。

(3)锥形火山。由火山碎屑组成或由火山碎屑和熔岩混合组成,呈圆锥形,又称维苏威式火山。由火山碎屑组成的称为火山渣锥,由火山碎屑和熔岩混合组成的称为混合锥。由于火山多次喷发,火山锥的内部形成由火山碎屑或由碎屑和熔岩组成的层状构造。在规模较大的火山锥顶常有平底的大火山口,下一次喷发时,在此火山口内可形成一个新火山锥,其周围是老火山口形成的环形外轮山,新火山锥与环形外轮山之间是一个环形洼地,这种火山称为叠锥状火山。意大利的维苏威火山就是典型的叠锥状火山。有些火山锥上坡发育一些小火山锥,称为寄生火山锥,意大利西西里岛上的埃特纳火山有数百座寄生火山锥。

(4)马尔式火山。只有低平火山口、没有火山锥的火山,多因水蒸汽爆炸而成。喷发中只有少量火山碎屑在火山口周围堆积,形不成火山锥,火山口常积水成湖。

3. 我国的火山地貌

我国火山活动可分为东部活动带和西部活动带:东部活动带的火山有五大连池火山群、长白山火山、大同火山群、大屯火山群、广东雷琼及安徽、江苏等地区的火山;西部活动带的火山包括腾冲火山群、新疆等地区的火山。

1)黑龙江五大连池火山群

五大连池火山群位于黑龙江省德都县,在约600km²范围内主要分布有14座火山。这群火山是至今仍在活动的火山,其中老黑山和火烧山在1719—1721年曾喷发大量熔岩,现在仍可看到火山喷发形成的熔岩地貌,比如有绳状、枕状和球状等形态。

这群火山大多呈现出截顶圆锥形（图3-27），少数为复合截顶圆锥形。火山锥的海拔为355~597m。比高（相对高度，即超出当地河沟标高的高度）为60~147m，火山口直径约240~500m，火山口的边部大多有缺口，火山的规模一般较小。其中，药泉山火山周围，至今仍涌出多处含硫、氡等物质的泉水。这种泉水能有效地治疗肠胃病、皮肤病、脱发等多种疾病，当地人称为"药泉"。

1719—1721年（清康熙五十八年至六十一年）在老黑山火山和火烧山火山喷发期间，喷溢出的熔岩流，将流经火山附近的白河截为五段，形成了5个熔岩堰塞湖。这5个湖大小、深浅不同，但断续相连，故被称为五大连池，并成为中国东北部著名的火山群，与中国西南部著名的腾冲火山群遥相呼应。

图3-27　黑龙江五大连池火山口

2）云南腾冲火山群

腾冲火山群位于云南省的西部，横断山脉南端的高黎贡山西侧，火山锥及其喷出物分布在南北长约87km、东西宽约33km的地带中，这些火山分布比较集中的地方是腾冲县城至马站街一带。

图3-28　云南腾冲火山群景观

腾冲地区的火山有70余座，可见到明显火山口的火山有30余座（图3-28）。其中呈截锥形的火山，一般顶部有漏斗状火山口，火山底部直径由数百米至1km左右，高10余米至数百米。火山口的深度数十米之百余米。此类火山有黑空山、打鹰山、城子楼、小空山等。

近期腾冲地区火山活动的形式，主要表现为强烈的水热活动。据1974年的不完全统计，全县79个泉群（包括汽泉、热泉、温泉）中，温度在90℃以上的有10处，每处多有若干个汽泉、沸泉、热泉及喷汽孔，它们都分布在近期火山的边缘。

热海热田是腾冲地热区的高温中心，它的天然热流量达2 000 000J/s秒以上，相当于每年燃烧21万吨标准煤产生的热量。在热泉喷出的气体中，有大量的水蒸气、二氧化碳、硫化氢、二氧化氮等气体。在喷泉、喷气活动的同时，经常发生水热爆炸、地吼、地哼和泥火山喷发、泥塘翻滚等现象。

三、冰川地貌景观

冰川地貌景观是由冰川作用塑造的地貌，属于气候地貌范畴。地球陆地表面有11%的面积为现代冰川覆盖，主要分布在极地、中低纬的高山和高原地区。第四纪冰期，欧、亚、北美的大陆冰盖连绵分布，曾波及比今日更为宽广的地域，给地表留下了大量冰川遗迹。

冰川是准塑性体,冰川的运动包含内部的运动和底部的滑动两部分,是进行侵蚀、搬运、堆积并塑造各种冰川地貌的动力。但它不是塑造冰川地貌的唯一动力,是与寒冻、雪蚀、雪崩、流水等各种应力共同作用,才形成了冰川地区的地貌景观。

冰川地貌广泛分布于欧洲、北美洲和中国西部高原山地,分现代冰川地貌和古代冰川地貌两种。前者仅限于约占陆地面积10%的现代冰川分布区;后者主要指第四纪古冰川(最大覆盖范围占陆地面积的32%)塑造的地貌。

冰川地貌是鉴别冰川作用范围和性质的标志,对研究古地理和古气候环境的变迁有重大意义。因冰碛物的工程地质特性不同于其他沉积物,故研究冰川沉积地貌有较大实践意义。

1. 分类

冰川地貌按成因分为侵蚀地貌和堆积地貌两类。

现代冰川作用区的冰体部分按形态分为以下3种。

(1)大陆冰盖。面积＞50 000km²的陆地冰体,如南极冰盖和格陵兰冰盖。

(2)冰帽。数千平方千米至50 000km²的陆地冰体,规模巨大的山麓冰川和平顶冰川都可发育为冰帽。

(3)山地冰川。分为冰斗冰川、悬冰川、谷冰川、平顶冰川和山麓冰川等。冰川消融可形成冰面河流、冰塔林和表碛丘陵等冰川融蚀地貌。

冰川侵蚀地貌一般分布于冰川上游,即雪线以上位置,形态类型有角峰、刃脊、冰斗、冰坎、冰川槽谷及羊背石、冰川刻槽等磨蚀地貌。冰川(包括冰水)沉积地貌分布于冰川下游,形态类型包括终碛垅、侧碛垅、冰碛丘陵、冰碛台地、底碛丘陵和底碛平原、鼓丘与漂砾扇,以及由冰水沉积物组成的冰砾阜、蛇形丘、冰水阶地台地和冰水扇等。大陆冰盖和山地冰川的地貌组合有较大差异。前者冰体从中心向四周流动,以冰盖前缘广泛发育冰碛(尤其是终碛)、冰水堆积地貌和大面积的冰蚀凹地为特征,没有侧碛垅,只有在孤立的冰原岛山地区才出现冰蚀地貌。

山地冰川受地形限制,与周围基岩接触面大,造成的冰蚀地貌类型众多。此外,山地冰川地貌的分带性也比大陆冰盖和冰帽的地貌分带性强,有明显的垂直分带和水平分带。在冰川纵剖面上,从山体中心到冰川外围,依次为角峰、冰斗、冰坎、羊背石、磨光面、底碛平原或丘陵、终碛垅、冰水扇;在横剖面上,从高到低依次为刃脊、槽谷肩、冰蚀崖、侧碛垅、冰床(底碛平原或丘陵)。山地冰川地貌的发育程度与气候条件、原始地形和新构造运动有关。在海洋性气候条件下,山地新构造强烈,地形陡峻,则冰蚀作用强盛,冰蚀地貌和冰碛地貌较发育,但因冰期后流水作用较强,破坏较严重;在大陆性气候条件下,地形较和缓,则冰蚀地貌和冰碛地貌发育较差,但后期流水侵蚀弱,冰川地貌易于保存。

2. 冰川地貌景观

大陆冰盖很少受下伏基岩地形的控制,冰盖形态单调,其塑造的地貌景观也不甚复杂。从冰盖中心到外围,冰川地貌作有规律的带状分布:最内部是侵蚀区,出现大量的冰蚀湖泊,如芬兰曾是第四纪时期冰盖的中心,有"千湖之国"之称;此带之外鼓丘成群出现;鼓丘带之外为散乱的冰碛丘陵和冰砾阜景观,蛇形丘也分布其中;再外即为标志着古冰川边界的终碛系列和宏伟的外冲冰水平原。

山岳冰川地貌的规模不及大陆冰盖地区,但更为复杂。因为还受山地地形以及冰缘雪蚀、雪崩和寒冻风化作用的影响。这里由上到下可分几个垂直带:雪线以上是以冰斗、刃脊和角峰为主的冰川和冰缘作用带;雪线以下和终碛垅以上为冰川侵蚀—堆积地貌交错带;最下部为终碛和谷地冰水平原(阶地)带。

四、流水地貌景观

1. 简介

地表流水在陆地上是塑造地貌最重要的外动力。它在流动过程中,不仅能侵蚀地面,形成各种侵蚀地貌(如冲沟和河谷),而且把侵蚀的物质,经搬运后堆积起来,形成各种堆积地貌(如冲积平原),这些侵蚀地貌和堆积地貌,统称为流水地貌。流水地貌及其堆积物的研究,对于水利、工程建筑、道路桥梁建设、农田基本建设、河运航道等均有重要意义。

流水作用包括流水的侵蚀、搬运和堆积。河流上游大多地处山地和高原,落差大,水流急,河谷深切而狭窄。

地表流水是一种非常重要的外力作用。即使在干旱少雨的荒漠地区、寒冷的高山高纬地区,它的作用也是不容忽视的。在陆地地貌的形成与发展过程中,地形流水是一个最普遍、最活跃的因素。地表流水主要来自大气降水,由于大气降水在地球上分布较普遍,所以流水作用形成的地貌在陆地表面几乎到处都有。大气降水受不同自然地理条件控制,各地降水的性质和强度差别很大,加上其他条件的影响,致使流水地貌形态十分复杂。

地表流水可分为暂时性流水和经常性流水,前者指降雨时或雨后(或融冰化雪时)很短时间内出现的流水,后者指终年保持一定水量的河流。两者不仅存在的时间有所差异,更重要的是水文状况不同,因此暂时性流水形成的地貌与河流地貌在形态上有明显的不同。根据流水在地表流动的方式可分为无槽流水和有槽流水两种。无槽流水指流水在地表流动时无固定明显的沟槽,如雨后斜坡上薄层片流和细小股流。有槽流水是指汇集在谷地中的流水,它包括暂时性流水的冲沟流水(洪流)和河流两种。由地表流水作用(包括侵蚀、堆积)所塑造的各种地貌,统称为流水地貌。流水侵蚀作用形成的地貌称为流水侵蚀地貌,流水堆积作用形成的地貌称流水堆积地貌。

片流在一般情况下并不形成明显的地貌,它只是把斜坡上的风化碎屑物质集中到低处,为其他外力作用提供可搬运的物质。洪流或冲沟流水侵蚀地貌主要是各种形式的冲沟,在半干旱和干旱的我国西北地区,这类地貌分布相当普遍,它的堆积地貌主要是分布在沟口的洪积锥(扇)和山麓倾斜平原。河流侵蚀地貌主要是各种类型的河谷,它的堆积地貌主要的有河漫滩、河流三角洲等。

2. 流水地貌类型

1)河流阶地

河流两侧阶梯状的地形称为河流阶地。阶地在河谷地貌中较普遍,每一级阶地由平坦的或微向河流倾斜的阶地面和陡峭的阶坡组成。一条经历长期发展过程的河流,两岸常出现多级阶地,由河流河漫滩向谷坡上方,依次命名为一级阶地、二级阶地、三级阶地……。位置愈高的阶地形成的时间愈久,因而受破坏程度也愈大,反映在形态特征上也往往很不明显。阶地的形成,主要是因为河流在以侧向侵蚀为主扩展谷底的基础上,转为深向侵蚀为主加深河谷,前者形成河漫滩或谷底平原,后者将河床位置降低到河漫滩或谷底平原以下。因此,阶地面实质上是古老或早期的河漫滩,而阶坡则是河流深向侵蚀作用所形成的谷坡。河流侵蚀作用改变的原因往往是地壳运动或者相当大范围气候的变化。

2）河漫滩河谷

河流长期侧向侵蚀作用的结果使谷底加宽，形成河漫滩河谷。河流在谷底仅占一部分面积，其余都是河漫滩。河谷谷底宽度与河流大小、发育的时间长短、地壳运动稳定与否等许多因素有关。形成河漫滩河谷后，河流在自己形成的谷底平坦地面上蜿蜒流动，完全不受谷壁的限制，这种河曲称为自由河曲。

3）冲沟

冲沟是暂时性线状流水侵蚀作用所形成的一种狭窄的沟谷地形（图3-29），主要发育在植被稀少、物质疏松、地面有一定坡度的地方。冲沟的形态与本身发育时间性有关，而地面起伏形态（坡度、坡形）也直接影响冲沟的形态和冲沟的组合形状。

冲沟又名雏谷，它是暂时性有槽流水侵蚀的典型形态。冲沟横剖面呈陡峭狭窄的V字形，与两侧斜坡地面有非常明显的坡折，冲沟纵剖面与所在斜坡坡面明显的不一致，一般呈上陡下缓的凹形曲线。冲沟发展到衰老阶段称为坳沟或坳谷。此时，沟的横剖面V形明显加宽，两壁坡度变缓，沟缘转折已不明显，整个剖面呈线槽形，沟底平坦，纵剖面十分平缓。

初期阶段的冲沟是指由片流汇合而成细流切割坡面而成的细小沟谷，通常称之为两裂，在地貌学上称为细沟。其最主要特征是横剖面呈浅V字形，沟的纵剖面基本上与所在斜坡的坡面一致。航拍摄像片的山坡上条纹状影像就是细沟。在航片的右上方显示出许多条长度大的细沟的影像。

4）V字形河谷

V字形河谷是山区最常见的一种河谷，又称为峡谷。这类河谷具有V形河谷横剖面，谷地两壁险峻陡峭，谷底几乎全部被河流占据。谷地狭窄，深度大于宽度。其中，谷坡陡直、深度远大于宽度的峡谷称为嶂谷。从河流发育阶段看，V形谷属幼年河谷，它反映了河流处于幼年发育阶段，河流以加深河床的深向侵蚀为主，侧向侵蚀作用不明显。在构造运动上升区域，河谷谷坡由坚硬岩石组成的地段，当地面抬升速度与河流下切作用协调时，最易形成V形谷。河流上游深向侵蚀作用十分显著，河谷横剖面也多呈V字形。

图3-29　浙江文成县铜铃山"壶穴奇观"

5）洪积扇

洪积扇（图3-30）是暂时性流水作用在谷口形成的堆积地貌。它是半干旱、干旱地区山麓地带分布相当普遍的地貌。以谷口为顶点，向外围倾斜，坡度由大变小，逐渐过渡到周围平地。洪积扇上广泛发育放射状沟谷。这种地貌风化强烈，山地形态险峻。相邻洪积扇连接成倾斜平原，外缘呈波状弧形轮廓。

图3-30　洪积扇景观

五、海蚀海积景观

(一)海蚀地貌景观

海蚀地貌,是指海水运动对沿岸陆地侵蚀破坏所形成的地貌。由于波浪对岩岸岸坡进行机械性的撞击和冲刷,岩缝中的空气被海浪压缩而对岩石产生巨大的压力,波浪挟带的碎屑物质对岩岸进行研磨,以及海水对岩石的溶蚀作用等,统称海蚀作用。海蚀多发生在基岩海岸。海蚀的程度与当地波浪的强度、海岸原始地形有关,组成海岸的岩性及地质构造特征,亦有重要影响。所形成的海蚀地貌有海蚀崖、海蚀台、海蚀穴、海蚀拱桥、海蚀柱等(图3-31)。

图3-31　香港丰富多姿的海蚀地貌

(二)海积地貌景观

进入海岸带的松散物质,在波浪推动下移动,并在一定的条件下堆积起来的各种地形称海积地貌。其类型有水下堆积阶地、海滩、泻湖、水下沙坝等(图3-32)。由于地形气候等影响而使波浪力量减弱,海滨沉积物就堆积下来形成各种海积地貌。

六、构造地貌景观

构造地貌(structural landform)由地球内力作用直接造就的和受地质体与地质构造控制的地貌。从宏观上看,所有大地貌单元,如大陆和海洋、山地和平原、高原和盆地,均为地壳变动直接造成。但完全不受外力作用影响的地貌,如现代火山锥和新断层崖是罕见的,绝大多数构造地貌都经受了外力作用的雕琢。故不论从构造解释地貌,或从地貌分析构造,都必须考虑外力作用的影响。

图3-32　香港世界地质公园桥咀洲连岛沙洲景观

构造地貌分为3个等级:第一级是大陆和洋盆;第二级是山地和平原、高原和盆地;第三级是方山、单面山、背斜脊、断裂谷等小地貌单元。第一级和第二级属大地构造地貌,其基本轮廓直接由地球内力作用造就;第三级是地质构造地貌,或称狭义的构造地貌,除由现代构造运

图3-33　河南云台山世界地质公园断裂谷景观——红石峡

动直接形成的地貌(如断层崖、火山锥、构造穹窿和凹地)(图3-33)外,多数是地质体和构造的软弱部分受外营力雕琢的结果。如水平岩层地区的构造阶梯,倾斜岩层被侵蚀而成的单面山和猪脊背,褶曲构造区的背斜谷和向斜山,以及断层线崖、断块山地和断陷盆地等。不同大地构造单元的地貌形态有明显的差异。地台区以宽广的平坦地面为主,如非洲高原、蒙古高原、塔里木盆地和华北平原。地台区的山地也是宽缓的褶皱山和断块山,如中国太行山和鲁南山地。

由于刚性地块的拱曲张裂,地台区常出现地堑型陷落盆地,如东非裂谷、莱茵谷地和中国的汾渭谷地。地槽区最主要的表现为狭窄带状、弧形转折、延伸数百以至数千公里的线性褶皱山脉。如喜马拉雅山脉、阿尔卑斯山脉和安第斯山脉等。它们都是年轻的地槽褶皱山脉。按板块构造学说,大陆和海洋的位置,从石炭纪以来,尤其是中生代以来,曾发生巨大变化。现代大陆是由统一的冈瓦纳古陆和劳亚古陆分裂而成的。地壳一面在新生,一面在消减。板块边界(海岭、转换断层、深海沟和地缝合线)是地震和火山活动、构造和地貌演化的主要场所。过去所说的地槽正是板块俯冲消减带——深海沟的位置。日本列岛—琉球—台湾—菲律宾—印度尼西亚岛弧—深海沟系正是典型的现代地槽。与板块运动相联系的新构造运动对现代地貌的形成起着重要作用。由于印度洋板块向欧亚板块俯冲,使青藏高原从第三纪末到第四纪初强烈隆起,在第四纪时期上升了3 000～4 000m,成为世界上最年轻的高原。

第七节　水体景观类

一、泉水景观

(一)冷泉

泉是地下水的天然集中地表出露,是地下含水层或含水通道呈点状出露地表的地下水涌出现象,为地下水集中排泄形式。它是在一定的地形、地质和水文地质条件的结合下产生的。适宜的地形、地质条件下,潜水和承压水集中排出地面成泉。

泉往往是以一个点状泉口出现,有时是一条线或是一个小范围。泉水多出露在山区与丘陵的沟谷和坡角、山前地带、河流两岸、洪积扇的边缘和断层带附近,而在平原区很少见。泉水常常是河流的水源。在山区如沟谷深切,排泄地下水,许多清泉汇合成为溪流。在石灰岩地区,许多岩溶大泉本身就是河流的源头。中国山东淄博的珠龙泉、秋谷泉和良庄泉是孝妇河的水源。泉水常年不断地汇入河流,是河流补给的重要部分。

泉的分类方法很多,按照泉水出露时水动力学性质可将泉分为上升泉和下降泉两大类。上升泉由承压水补给,在泉出口附近水流在压力作用下呈上升运动,由地下冒出地面,有时可喷涌高出泉口数十厘米。上升泉流量比较稳定，水温年变化比较小。如中国山东济南的趵突泉（图3-34）。下降泉由潜水或上层滞水补给，地下水在重力作用下溢出地表，在出露口附近水流往往做下降运动，一般从侧向流出。泉水流量和水温等往往呈明显的季节性变化。

泉水流量主要与泉水补给区的面积和降水量的大小有关。补给区越大、降水越多，则泉水流量越大。泉水的流量随时间而变，一般在一年内某一时刻达到最大值，以后流量逐渐减小。许多大泉流量达到最大值的时间与雨季并不一致，常晚于雨季。流量大而稳定的泉，往往可成为良

图3-34　济南趵突泉

好的供水水源，如中国山西朔州的神头泉群，1965—1979年的平均流量为8m³/s，是神头电站的供水水源。山西平定县的娘子关泉群，1959—1977年的平均流量为12.7m³/s，为中国北方最大的泉，是工农业用水的一个重要水源地。

泉可以单个出现，也可以成群出现，泉水的流量相差很大。在地质、地貌和水文地质条件十分巧妙的配合下，才可能形成成群的大泉。我国济南市是举世闻名的泉城，在市区2.6km²的范围内，分布有106个泉，总涌水量最大时达8 333m³/h，成为济南市区重要的供水水源之一。

（二）温泉

温泉（hot spring）是泉水的一种，是一种由地下自然涌出的泉水，其水温高于环境年平均温5℃，或华氏10℉以上。形成温泉必须具备地底有热源存在、岩层中具裂隙让温泉涌出、地层中有储存热水的空间3个条件。

温泉是自然产生的，所以使用柴火烧或是热水器加热的水并不能算温泉，充其量只能说是热水。另外，依化学组成分类，温泉中主要的成分包含氯离子、碳酸根离子、硫酸根离子，依这3种阴离子所占的比例可分为氯化物泉、碳酸氢盐泉、硫酸盐泉。除了这3种阴离子之外，也有以其他成分为主的温泉，例如重曹泉（重碳酸钠为主）、重碳酸土类泉、食盐泉（以氯化钠离子为主）、氯化土盐泉、芒硝泉（硫酸钠离子为主）、石膏泉（以硫酸钙为主）、正苦味泉（以硫酸镁为主）、含铁泉（白磺泉）、含铜、铁泉（又称青铜泉），其中食盐泉也称盐泉。也可依含氯化物食盐的多寡，区分为弱食盐泉和强食盐泉。依地质分类以产生温泉的地质特性，可将温泉分类为火成岩区温泉、变质岩区温泉、沉积岩区温泉。依物理性质根据温泉的温度、活动、型态等物理性质，依温度依温泉流出地表时与当地地表温度差，可分为低温温泉、中温温泉、高温温泉、沸腾温泉4种。

水温超过20℃的泉或水温超过当地年平均气温的泉也称温泉。温泉的水多是由降水或地表水渗入地下深处，吸收四周岩石的热量后又上升流出地表的，一般是矿泉。泉水温度等于或略超过当地的水沸点的称沸泉。能周期性地、有节奏地喷水的温泉称间歇泉。

中国已知的温泉点约2 400多处。台湾、广东、福建、浙江、江西、云南、西藏等地温泉较多，其中最多的是云南，有温泉400多处。腾冲的温泉最著名，数量多，水温高，富含硫质。世界上著名的间歇泉主要分布在冰岛、美国黄石公园和新西兰北岛的陶波。

二、湖沼景观

(一)湖泊景观

湖泊是指陆地表面洼地积水形成的比较宽广的水域。

湖泊按其成因可分为以下9类。

(1)构造湖：是在地壳内力作用形成的构造盆地上经储水而形成的湖泊。其特点是湖形狭长、水深而清澈，如云南高原上的滇池、洱海和抚仙湖，青海湖，新疆喀纳斯湖等。再如著名的东非大裂谷沿线的马拉维湖、坦噶尼喀湖、维多利亚湖。构造湖一般具有十分鲜明的形态特征，即湖

图3-35 新疆天山天池

岸陡峭且沿构造线发育，湖水一般都很深。同时，还经常出现一串依构造线排列的构造湖群。

(2)火山口湖：系火山喷火口休眠以后积水而成，其形状是圆形或椭圆形，湖岸陡峭，湖水深不可测，如白头山天池深达373m，为我国第一深水湖泊。

(3)堰塞湖：由火山喷出的岩浆、地震引起的山崩和冰川与泥石流引起的滑坡体等壅塞河床，截断水流出口，其上部河段积水成湖，如新疆天山天池(图3-35)、五大连池、镜泊湖等。

(4)岩溶湖：是由碳酸盐类地层经流水的长期溶蚀而形成岩溶洼地、岩溶漏斗或落水洞等被堵塞，经汇水而形成的湖泊，如贵州省威宁县的草海。

(5)冰川湖：是由冰川挖蚀形成的坑洼和冰碛物堵塞冰川槽谷积水而成的湖泊，如新疆天山天池、北美五大湖、芬兰、瑞典的许多湖泊等。

(6)风成湖：沙漠中低于潜水面的丘间洼地，经其四周沙丘渗流汇集而成的湖泊，如敦煌附近的月牙湖，四周被沙山环绕，水面酷似一弯新月，湖水清澈如翡翠。

(7)河成湖：由于河流摆动和改道而形成的湖泊。它又可分为3类：一是由于河流摆动，其天然堤堵塞支流而潴水成湖，如鄱阳湖、洞庭湖、江汉湖群(云梦泽一带)、太湖等；二是由于河流本身被外来泥沙壅塞，水流宣泄不畅，潴水成湖，如苏鲁边境的南四湖等；三是河流截湾取直后废弃的河段形成牛轭湖，如内蒙古的乌梁素海。

(8)海成湖：由于泥沙沉积使得部分海湾与海洋分割而成，通常称作泻湖，如里海、杭州西湖、宁波的东钱湖。约在数千年以前，西湖还是一片浅海海湾，以后由于海潮和钱塘江挟带的泥沙不断在湾口附近沉积，使湾内海水与海洋完全分离，海水经逐渐淡化才形成今日的西湖。

(9)泻湖：是一种因为海湾被沙洲所封闭而演变成的湖泊，所以一般都在海边。这些湖本来都是海湾，后来在海湾的出海口处由于泥沙沉积，使出海口形成了沙洲，继而将海湾与海洋分隔，因而成为湖泊。

湖水含盐量是衡量湖泊类型的重要标志，通常把含盐量或矿化度达到或超过50g/L的湖水，称为卤水或者盐水，有的也叫矿化水。卤水的含盐量，已经接近或达到饱和状态，甚至出现了自析盐类矿物的结晶或者直接形成了盐类矿物的沉积。所以，把湖水含盐量50g/L作为划分盐湖的下限标准。依据湖水含盐量或矿化度的多少，将湖泊划分为6种类型，各种类型湖

泊的划分原则如下。

(1)淡水湖:湖水矿化度小于或等于1g/L;

(2)微(半)咸水湖:湖水矿化度大于1g/L,小于35g/L;

(3)咸水湖:湖水矿化度大于或等于35g/L,小于50g/L;

(4)盐湖或卤水湖:湖水矿化度等于或大于50g/L;

(5)干盐湖:没有湖表卤水,而有湖表盐类沉积的湖泊,湖表往往形成坚硬的盐壳;

(6)砂下湖:湖表面被砂或黏土粉砂覆盖的盐湖。

世界湖泊分布很广,中国湖泊众多,面积大于1km²的约2 300个,总面积达71 000多平方千米(20世纪80年代数据)。另一说为2 848个,面积为83 400 km²(20世纪50年代数据)。青海湖面积为4 000多平方千米,是中国最大的湖泊。西藏的纳木错,湖面高程为4 718m,在全球湖面积为1 000km²以上的湖泊中,是海拔最高的湖泊。位于长白山上的天池(中国朝鲜界湖),水深达373m,是中国最深的湖泊。柴达木盆地的察尔彝盐湖,以丰富的湖泊盐藏量著称于世。

(二)湿地景观

1. 简介

地球上有三大生态系统,即:森林、海洋、湿地。湿地泛指暂时或长期覆盖水深不超过2m的低地、土壤充水较多的草甸,以及低潮时水深不过6m的沿海地区,包括各种咸水淡水沼泽地、湿草甸,湖泊、河流以及泛洪平原、河口三角洲、泥炭地、湖海滩涂、河边洼地或漫滩、湿草原等。按《国际湿地公约》定义,湿地系指不问其为天然或人工、常久或暂时之沼泽地、湿原、泥炭地或水域地带,带有静止或流动、或为淡水、半咸水或咸水水体者,包括低潮时水深不超过6m的水域。潮湿或浅积水地带发育成水生生物群和水成土壤的地理综合体。湿地是陆地、流水、静水、河口、和海洋系统中各种沼生、湿生区域的总称。

湿地是位于陆生生态系统和水生生态系统之间的过渡性地带,在土壤浸泡在水中的特定环境下,生长着很多湿地的特征植物。湿地广泛分布于世界各地,拥有众多野生动植物资源,是重要的生态系统。很多珍稀水禽的繁殖和迁徙离不开湿地,因此湿地被称为"鸟类的乐园"。湿地强大的生态净化作用,因而又有"地球之肾"的美名。在人口爆炸和经济发展的双重压力下,20世纪中后期大量湿地被改造成农田,加上过度的资源开发和污染,湿地面积大幅度缩小,湿地物种受到严重破坏。

湿地是地球上具有多种独特功能的生态系统,它不仅为人类提供大量食物、原料和水资源,而且在维持生态平衡、保持生物多样性和珍稀物种资源以及涵养水源、蓄洪防旱、降解污染、调节气候、补充地下水、控制土壤侵蚀等方面均起到重要作用。

湿地是地球上有着多功能的、富有生物多样性的生态系统,是人类最重要的生存环境之一。

湿地的类型多种多样,通常分为自然和人工两大类。自然湿地包括沼泽地、泥炭地、湖泊、河流、海滩和盐沼等,人工湿地主要有水稻田、水库、池塘等。据资料统计,全世界共有自然湿地855.8万平方千米,占陆地面积的6.4%。

中国湿地面积占世界湿地的10%,位居亚洲第一位,世界第四位。在中国境内,从寒温带到热带、从沿海到内陆、从平原到高原山区都有湿地分布,一个地区内常常有多种湿地类型,一种湿地类型又常常分布于多个地区。

中国1992年加入《湿地公约》,国家林业局专门成立了"湿地公约履约办公室",负责推动湿地保护和执行工作。截至2009年11月,我国被列入国际重要湿地名录的湿地已达40处,其实中国独特的湿地何止40处,许多湿地因为养在深闺无人识,至今仍无人问津。

2. 国际重要湿地标准

《湿地公约》第二条规定,每个缔约方必须把本国至少一块湿地纳入《国际重要湿地名录》,且被纳入的湿地必须符合标准。

标准1:如果一块湿地包含适当生物地理区内一个自然或近自然湿地类型的一处具有代表性的、稀有的或独特的范例,就应被认为具有国际重要意义。

标准2:如果一块湿地支持着易危、濒危或极度濒危物种或者受威胁的生态群落,就应被认为具有国际重要意义。

标准3:如果一块湿地支持着对维护一个特定生物地理区生物多样性具有重要意义的植物或动物种群,就应被认为具有国际重要意义。

标准4:如果一块湿地在生命周期的某一关键阶段支持动植物种群或在不利条件下对其提供庇护场所,就应被认为具有国际重要意义。

标准5:如果一块湿地定期栖息有2万只或更多的水禽,就应被认为具有国际重要意义。

标准6:如果一块湿地定期栖息有一个水禽物种或亚种,或某一种群1%的个体,就应被认为具有国际重要意义。

标准7:如果一块湿地栖息着绝大部分本地鱼类亚种、种或科,其生命周期的各个阶段、种间或种群间的关系对湿地效益或价值具有代表性,并因此有助于全球生物多样性,就应被认为具有国际重要意义。

截至2009年,中国共有40块湿地加入《国际重要湿地名录》,它们分别是:①黑龙江扎龙自然保护区;②吉林向海自然保护区;③海南东寨港自然保护区;④青海岛自然保护区;⑤鄱阳湖自然保护区;⑥湖南东洞庭湖自然保护区;⑦香港米埔和后海湾国际重要湿地;⑧黑龙江洪河自然保护区;⑨黑龙江兴凯湖国家级自然保护区;⑩黑龙江三江国家级自然保护区;⑪内蒙达赉湖自然保护区;⑫内蒙鄂尔多斯遗鸥自然保护区;⑬辽宁大连国家级斑海豹自然保护区;⑭江苏大丰麋鹿自然保护区;⑮江苏盐城自然保护区;⑯湖南汉寿西洞庭湖自然保护区;⑰湖南南洞庭湖湿地和水禽自然保护区;⑱上海市崇明东滩自然保护区;⑲广东惠东港口海龟国家级自然保护区;⑳广东湛江红树林国家级自然保护区;㉑广西山口国家级红树林自然保护区;㉒辽宁双台河口湿地;㉓云南大山包湿地;㉔云南碧塔海湿地;㉕云南纳帕海湿地;㉖云南拉什海湿地;㉗青海鄂凌湖湿地;㉘青海扎凌湖湿地;㉙西藏麦地卡湿地;㉚西藏玛旁雍错湿地;㉛上海长江口中华鲟湿地自然保护区;㉜广西北仑河口国家级自然保护区;㉝福建漳江口红树林国家级自然保护区;㉞湖北洪湖省级湿地自然保护区;㉟广东海丰公平大湖省级自然保护区;㊱四川若尔盖国家级自然保护区。㊲浙江杭州西溪国家湿地公园;㊳张掖市国家湿地公园;㊴新疆赛里木湖国家湿地公园(图3-36);㊵新疆柴窝堡湖国家湿地公园。

图3-36 新疆赛里木湖湿地景观

三、河流景观

河流通常是指陆地河流,即陆地表面成线形的自动流动的水体。世界不少著名河流,如长江、亚马逊河都是这样流动的。河流一般是在高山地方作源头,然后沿地势向下流,一直流入像湖泊或海洋的终点。2010年7月,科学家发现了迄今为止唯一的一条活跃的海底河流。

中国境内的河流,仅流域面积在1 000km²以上的就有1 500多条。全国径流总量达27 000多亿立方米,相当于全球径流总量的5.8%。由于主要河流多发源于青藏高原,落差很大,因此中国的水力资源非常丰富,蕴藏量达6.8亿千瓦,居世界第一位。我国的河流大多分布在东南部外流区内。这里的河流多而且长,夏季容易形成汛期。汛期径流量一般占全年径流量的60%~80%。秦岭和淮河一线以北的河流,冬季河流结冰,普遍形成枯水期,一些河流甚至断流。西北内陆河较少,一些地方为无流区。这里的河流水源不丰,沿途多沙漠和戈壁,蒸发和渗漏严重,很多河流成为季节性河道。

长江是中国第一大河,仅次于非洲的尼罗河和南美洲的亚马孙河,为世界第三长河。它全长6 300km,流域面积180.9万平方千米。长江中下游地区气候温暖湿润、雨量充沛、土地肥沃,是中国重要的农业区;长江还是中国东西水上运输的大动脉,有"黄金水道"之称。

黄河是中国第二长河,全长5 464km,流域面积75.2万平方千米。黄河流域牧场丰美、矿藏富饶,是中国古代文明的发祥地之一。

黑龙江是中国北部的一条大河,全长4 350km,其中有3 101km流经中国境内。珠江为中国南部的一条大河,全长2 214km。

除天然河流外,中国还有一条著名的人工河,那就是贯穿南北的大运河。它始凿于公元前5世纪,北起北京,南到浙江杭州,沟通海河、黄河、淮河、长江、钱塘江五大水系,全长1 801km,是世界上开凿最早、最长的人工河。

四、瀑布景观

1. 简介

瀑布是从河谷纵剖面岩坎上倾泻下来的水流,主要由水流对河流软硬岩石差别侵蚀而成。

瀑布在地质学上叫跌水,即河水在流经断层、凹陷等地区时垂直地跌落。在河流的时段内,瀑布是一种暂时性的特征,它最终会消失。侵蚀作用的速度取决于特定瀑布的高度、流量、有关岩石的类型与构造,以及其他一些因素。

依据瀑布的外观和地形的构造,瀑布有多种分类。

(1)据瀑布水流的高宽比例划分。如垂帘型瀑布、细长型瀑布。

(2)据瀑布岩壁的倾斜角度划分。如悬空型瀑布、垂直型瀑布、倾斜型瀑布。

(3)据瀑布有无跌水潭划分。如有瀑潭型瀑布、无瀑潭型瀑布。

(4)据瀑布的水流与地层倾斜方向划分。如逆斜型瀑布、水平型瀑布、顺斜型瀑布、无理型瀑布。

(5)据瀑布所在地形划分。如名山瀑布、岩溶瀑布、火山瀑布、高原瀑布。

2. 世界三大瀑布

瀑布是地球上很壮美的自然景观。世界上最著名的三大瀑布分别是尼亚加拉瀑布、维多利亚瀑布和伊瓜苏瀑布。

（1）尼亚加拉瀑布。尼亚加拉瀑布（图3-37）位于加拿大与美国的交界处的尼亚加拉河上，河中的高特岛把它分隔成两部分，较大的部分是霍斯舒瀑布，靠近加拿大一侧，高56m，长约670m，较小的为亚美利加瀑布，接邻美国一侧，高58m，宽320m。尼亚加拉瀑布及由它冲出来的尼亚加拉峡谷的形成有着特殊的地质条件，其由于页岩不断被水流冲刷，使得瀑布在1842-1905年间平均每年向上游方向移动170cm。美加两国政府为保护瀑布，曾耗巨资修建了一些控制工程，使瀑布对岩石的侵蚀有所减小。

图3-37 尼亚加拉瀑布

（2）维多利亚瀑布。维多利亚瀑布（图3-38）位于非洲赞比西河的中游，赞比亚与津巴布韦接壤处。瀑布宽1 700余米，最高处108m，宽度和高度比尼亚加拉瀑布大一倍。年平均流量约934m³/s。赞比西河抵瀑布之前，舒缓地流动，而瀑布落下时声如雷鸣，当地居民称之为"莫西奥图尼亚"（意即霹雳之雾）。维多利亚瀑布的水泻入一个峡谷，峡谷宽度从25～75m不等。

图3-38 维多利亚瀑布

（3）伊瓜苏瀑布。伊瓜苏瀑布（图3-39）位于阿根廷和巴西边界上的伊瓜苏河。这是一个马蹄形瀑布，高82m，宽4km，是尼亚加拉瀑布宽度的4倍，比维多利亚瀑布还要宽很多。悬崖边缘有许多树木丛生的岩石岛屿，使伊瓜苏河由此跌落时分作约275股急流或泻瀑，高度60～82m不等。每年11月至次年3月的雨季中，瀑布最大流量可达12 750m³/s，年平均约为1 756m³/s。

3.中国著名瀑布

（1）壶口瀑布。在中国，从来没有一条河被赋予这么多的荣誉和责任，黄河在被尊为"母

图3-39 伊瓜苏瀑布

亲"时，也被寄托了太多的历史使命。黄河流经晋陕峡谷到达吉县境内，水面一下子从400多米宽收缩为50余米，《书·禹贡》中只用8个字："盖河漩涡，如一壶然。"壶口瀑布的形象跃然纸上。

（2）庐山瀑布。庐山瀑布群的主要瀑布有三叠泉瀑布、开先瀑布、石门涧瀑布、黄龙潭和乌龙潭瀑布、王家坡双瀑和玉帘泉瀑布等。因李白《望庐山瀑布》"日照香炉生紫烟，遥看瀑布挂前川"的名句为人熟知。

（3）马岭河瀑布。中国最大瀑布群。马岭河发源于乌蒙山脉，马岭河的瀑布飞泉有60

余处,而壁挂崖一带仅2km长的峡谷中,就分布着13条瀑布,形成一片壮观的瀑布群。最具特色的是珍珠瀑布,4条洁白而轻软的瀑布从200多米高的崖顶跌落下来,在层层叠叠的页岩上时隐时现,撞击出万千水珠,水珠在阳光照耀下闪闪发光,似有人居高临下筛落满崖的浪花。

(4)流沙瀑布。最细腻的瀑布。位于湘西的流沙瀑布落差达216m。大部分时候,瀑布从绝壁之上腾空而下,极高的落差,流水到了下面就散落成流沙状。

(5)九寨沟瀑布。中国最洁净的瀑布群。主要有诺日朗瀑布、树正瀑布和珍珠滩瀑布组成。诺日朗瀑布的落差并不很大,约为30～40m,瀑面却十分宽,达140余米;树正瀑布宽70余米,高20余米;珍珠滩瀑布高21m,宽162m,是九寨沟内一个典型的组合景观。

(6)镜泊湖瀑布。中国最大火山瀑布。长久以来,牡丹江一直是一条很温顺的河流,一万年前的火山爆发,改写了牡丹江的生命流程。第四纪玄武岩流在吊水楼附近形成了天然堰塞堤,拦截了牡丹江出口,提高水位而形成了90多平方千米的镜泊湖。呼啸奔腾的湖水漫过平滑的熔岩床面,从断层峭壁上飞泻而下,在丰水期时形成宽40m、落差20多米的大瀑布,它是中国最大的火山瀑布。

(7)黄果树瀑布。黄果树瀑布是白水河上最雄浑瑰丽的乐章,它将河水的缓游漫吟和欢跃奔腾奇妙地糅合在一起。从68m高的悬崖之巅跌落的是整整一条河的热忱,它既有水量丰沛、气韵万千的恢宏,又有柔细飘逸、楚楚依人的漫柔,81m宽的瀑面上水汽飘然,若逢适当的阳光照射还可形成迷人的彩虹。

(8)九龙漈瀑布。华东仅有的特大瀑布群。位于福建省周宁县,距县城东南约14km,瀑布总落差300多米,被誉为"福建第一"、"中国少有",1987年被评为第一批省级风景名胜区。

(9)银练坠瀑布。银练坠瀑布在天星桥景区内,离黄果树瀑布只有7km。银练坠瀑布位于螺丝滩瀑布下游2km处,由许多小瀑组成,总高40余米。该瀑布是景区内形态最美的瀑布,水围圆石而下,宛如条条银练坠入深潭,绚丽无比。

(10)德天瀑布。德天瀑布位于大新县归春河上游,距中越边境53号碑约50m,离自治区首府南宁市约208km。主体瀑布宽100m,纵深60m,落差70m,与越南的板约瀑布连为一体,瀑布总宽208m,是东南亚最大的天然瀑布,也是世界第二大跨国瀑布。

第八节　环境地质遗迹景观类

一、地震遗迹景观

(一)古地震遗迹景观

古地震应包括整个地质历史时期中所发生的地震,但因向前追溯的历史越长,与现今地震活动的关系越小,所以更有现实意义的是第四纪以来、特别是全新世以来所发生的地震。因此也有人将古地震理解为第四纪以来发生的史前地震。

由于世界各地人类历史记载长短不一,在时间上有很大的不固定性,"古地震"一词的含义还不十分明确。对于古地震的研究,主要通过研究地质历史时期中与地震有关的各种地质现象（图3-40）来确定古地震大体震中位置、震中烈度、震级以及发震的时间等，从而为研究某一地区的地震分布规律、活动周期、烈度区划、地震形成的地质条件等提供重要依据。世界各主要地震国家均开展了古地震研究，如美国的地震记录仅有200年历史，通过古地震研究，在加州圣安德列斯断裂的帕列溪段发现了8次古地震事件，将地震记录时间追溯至公元6世纪。

图3-40 古地震遗址黔江小南海

（二）近代地震遗迹景观

近代地震活动（recent seismicity）包括有文字记载以来的历史地震活动和19世纪末以来有仪器记录的现代地震活动。中国具有悠久的文化历史，拥有2780年的历史地震记录，是世界上少有的宝贵文化遗产。中国近代地震活动强烈而频繁，是世界上地震灾害最严重的国家之一。仅近千年来，中国发生8级和8级以上特大地震23次，造成巨大的人员伤亡和经济损失。

图3-41 汶川大地震后的北川老县城

2008年5月12日14时28分04秒，四川汶川、北川，8级强震猝然袭来，大地颤抖，山河移位，满目疮痍，生离死别……西南处，国有殇。这是新中国成立以来破坏性最强、波及范围最大的一次地震。此次地震重创约50万平方千米的中国大地！地震遗迹景观包括地震发生后留下的各种遗迹。主要有：①地震地裂缝，为地震造成的地层断裂，规模大，常呈带状分布；②地震堰塞湖，为地震引发山崩、滑坡、泥石流堵塞河流形成的湖泊，在山区出现，具有溃堤产生地震水灾的危险；③地震鼓包，为地震时，因断层的强烈错动在地层的表土层中产生的小型隆起，常发育在地裂缝两侧，成群排列；④地震滑坡，为受地震影响，地层斜坡上的岩土在重力作用下整体下滑。地震滑坡是地震引发的重要次生灾害之一；⑤地震废墟，为工程建筑遭受地震严重破坏后残留的遗址遗迹（图3-41）。

2011年中国国土资源部授予四川青川地震遗迹国家地质公园建设资格。该地质公园成为汶川大地震首个以地震遗址为主题的地质公园，也是中国首个全面反映地震遗迹的主题公园。

二、陨石冲击遗迹景观

陨石（meteorite）是地球以外未燃尽的宇宙流星脱离原有运行轨道或成碎块散落到地球或其他行星表面的石质的、铁质的或是石铁混合物质，也称陨星。大多数陨石来自小行星带，小部分来自月球和火星。

陨石坑（meteorite crater）（较大的陨石坑又称环形山）是行星、卫星、小行星或其他天体表面通过陨石撞击而形成的环形的凹坑。陨石坑的中心往往会有一座小山，在地球上陨石坑内常常会充水，形成撞击湖，湖心有一座小岛。

1. 陨石坑的结构特征

在地球上陨石坑形成的条件是一个物体以11.6km/s的速度从外空与地球相撞。在这个过程中，这个物体的动能转换为热能，重的陨石释放出来的能量可以达到相当于上千吨TNT爆炸所释放出来的能量，这个能量级相当于核爆炸所释放出来的能量。目前地震仪平均约每年记录到一次大于1 000tTNT能量的撞击，这些撞击一般发生在大洋中。

如果陨石的质量超过1 000t的话，大气层基本上对它没有减速的作用，那么陨石表面的温度和压力会非常高。球粒陨石和碳质球粒陨石在这种状况下会在它们与地面撞击以前就被破坏，但是铁-镍金属陨石的结构足够强，可以与地面撞击造成巨大爆炸。

当陨石与地面相撞时，它将当地的空气、水和岩石压缩为极热的等离子体，这个等离子体向外快速扩张，并迅速冷却。它与其他被投射的物件以轨道或近轨道速度被抛出。它们甚至可以完全脱离地球的引力，有些甚至可以在其他行星表面成为陨石坠落。没有空气的天体表面往往还可以看到从撞击坑向外辐射的外抛物留下的痕迹。不过在此应该提到的是关于这些辐射线的产生原理还有其他非撞击的理论。

在等离子体内部非常高能的化学反应会发生，比如在地球上盐水和空气可以合成非常强的酸。等离子体内汽化的岩石会凝结成水滴形的似曜岩，这些似曜岩可以分布到撞击点周围很大的范围里。但是也有人认为似曜岩不仅仅是撞击产生的。比如世界上最大和最年轻的似曜岩区（位于澳大利亚周边，约70万年）就缺乏一个撞击坑。假如这里的似曜岩的确是由于撞击所形成的，那么这么大的一个撞击坑肯定不会在过去一百万年中被磨灭。

海上撞击所造成的危害比陆上撞击的要大得多。大的陨石可以一直冲到海底，在海上造成巨大的海啸。据计算，尤卡坦希克苏鲁伯的撞击造成了50～100m高的海啸，在内陆数千米处形成了堆积。

不论是在陆上还是海上撞击的结果总是一个陨石坑（图3-42）。陨石坑有两种形式："简单"的和"复杂"的。巴林杰陨石坑是一个典型的简单陨石坑，它就是地面上的一个坑。简单的陨石坑直径一般都小于4km。

复杂的陨石坑一般比较大，中央有一个中心山，周围环绕着沟，还有一个或多个边。中心山是由于撞击后地下的反射造成的。这样的陨石坑有点像冻结在地面上的滴入水池里的水滴。

不论是简单的还是复杂的陨石坑，其大小决定于陨石的大小以及撞击处的物质。比较松软的物质所形成的陨石坑比相对脆的物质所形成的陨石坑要小。陨石坑的大小和形状随时间变化。刚刚形成的陨石坑由于散热而收缩。在地球表面随时间的延续风化以及其他地质过程将陨石坑掩藏起来了。巴林杰陨石坑是地球上保存最好的陨石坑之一，但是它只是在约五万年前形成的。而6500万年老的希克苏鲁伯撞击坑虽然是地球上最大的撞击坑之一，但是在地球表面上已经看不到它的痕迹了。

图3-42　澳大利亚乌尔夫溪陨石坑

2. 陨石坑的研究意义

（1）为地球、月球、水星、火星及其卫星表面圆形坑和环形山构造的陨石轰击成因假说找到依据,从而确定陨石坑的存在时间和分布情况。同时为研究巨大陨石的撞击,对地球和其他星球的形成、原始热和自转轴变迁的影响,以及为研究岩浆活动、突变事件和星球演化提供宝贵的资料。

(2)对矿物和岩石冲击变质的研究,将进一步丰富岩石学、矿物学、结晶学和高温高压地质学的内容,并为了解地幔物质性状和物理化学特点,即为地球深部的研究提供参考依据。也可以从冲击效应特征推定岩石受轰击时的温度和压力历史,从而对于了解地面及地下核试验和人工爆破的威力、破坏半径,以及对工程防护和对金刚石等矿物的合成具有一定实用意义。

(4)由于巨大陨石轰击能引起地下岩浆上升、侵入和成矿,因而出现了把外来作用和地球深部作用联系起来的新成岩成矿理论。

(5)研究地表陨石坑的分布形态、锥度,特别是受轰击后的变质作用,可直接推断陨石下降时的方向、速度、质量,以及烧蚀破裂情况,为宇宙飞船软着陆提供依据。

三、地质灾害遗迹景观

(一)山体崩塌遗迹景观

1.崩塌的定义及危害

崩塌(图3-43)是指陡峻山坡上岩块、土体在重力作用下发生突然的急剧的倾落运动,多发生在大于60°~70°的斜坡上。崩塌的物质,称为崩塌体。崩塌体为土质者,称为土崩;崩塌体为岩质者,称为岩崩;大规模的岩崩,称为山崩。崩塌可以发生在任何地带,山崩限于高山峡谷区内。崩塌体与坡体的分离界面称为崩塌面,崩塌面往往就是倾角很大的界面,如节理、片理、劈理、层面、破碎带等。崩塌体的运动方式为倾倒、崩落。崩塌体碎块在运动过程中滚动或跳跃,最后

图3-43 山体崩塌

在坡脚处形成堆积地貌——崩塌倒石锥。崩塌倒石锥结构松散、杂乱、无层理、多孔隙。由于崩塌所产生的气浪作用,使细小颗粒的运动距离更远一些,因而在水平方向上有一定的分选性。

崩塌会使建筑物,有时甚至使整个居民点遭到毁坏,使公路和铁路被掩埋。由崩塌带来的损失,不单是建筑物毁坏的直接损失,并且常因此而使交通中断,给运输带来重大损失。崩塌有时还会使河流堵塞形成堰塞湖,这样就会将上游建筑物及农田淹没。在宽河谷中,崩塌能使河流改道或改变河流性质,而造成急湍地段。

2.崩塌的类型

1)根据坡地物质组成划分

(1)崩积物崩塌。山坡上已有的崩塌岩屑和沙土等物质,由于它们的质地很松散,当有雨水浸湿或受地震震动时,可再一次形成崩塌。

(2)表层风化物崩塌。在地下水沿风化层下部的基岩面流动时,引起风化层沿基岩面崩塌。

(3)沉积物崩塌。有些由厚层的冰积物、冲击物或火山碎屑物组成的陡坡,由于结构舒

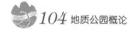

散,形成崩塌。

(4)基岩崩塌。在基岩山坡面上,常沿节理面、地层面或断层面等发生崩塌。

2)根据崩塌体的移动形式和速度划分

(1)散落型崩塌。在节理或断层发育的陡坡,或是软硬岩层相间的陡坡,或是由松散沉积物组成的陡坡,常形成散落型崩塌。

(2)滑动型崩塌。沿某一滑动面发生崩塌,有时崩塌体保持了整体形态,和滑坡很相似,但垂直移动距离往往大于水平移动距离。

(3)流动型崩塌。松散岩屑、砂、黏土受水浸湿后产生流动崩塌。这种类型的崩塌和泥石流很相似,称为崩塌型泥石流。

3.形成崩塌的内在条件与外界的诱发因素

1)形成崩塌的内在条件

(1)岩土类型。岩土是产生崩塌的物质条件。不同类型岩土所形成崩塌的规模大小不同,通常岩性坚硬的各类岩浆岩(又称为火成岩)、变质岩及沉积岩(又称为水成岩)的碳酸盐岩(如石灰岩、白云岩等)、石英砂岩、砂砾岩、初具成岩性的石质黄土、结构密实的黄土等形成规模较大的岩崩,页岩、泥灰岩等互层岩石及松散土层等,往往以坠落和剥落为主。

(2)地质构造。各种构造面,如节理、裂隙、层面、断层等,对坡体的切割、分离,为崩塌的形成提供脱离体(山体)的边界条件。坡体中的裂隙越发育,越易产生崩塌,与坡体延伸方向近乎平行的陡倾角构造面,最有利于崩塌的形成。

(3)地形地貌。江、河、湖(岸)、沟的岸坡及各种山坡、铁路、公路边坡,工程建筑物的边坡及各类人工边坡都是有利于崩塌产生的地貌部位,坡度大于45°的高陡边坡、孤立山嘴或凹形陡坡均为崩塌形成的有利地形。

岩土类型、地质构造、地形地貌3个条件,又通称为地质条件,是形成崩塌的基本条件。

2)诱发崩塌的外界因素

(1)地震。地震引起坡体晃动,破坏坡体平衡,从而诱发坡体崩塌,一般烈度大于7度以上的地震都会诱发大量崩塌。

(2)融雪、降雨。特别是大暴雨和长时间的连续降雨,使地表水渗入坡体、软化岩土及其中软弱面,产生孔隙水压力等,从而诱发崩塌。

(3)地表冲刷、浸泡。河流等地表水体不断地冲刷边脚,也能诱发崩塌。

(4)不合理的人类活动。如开挖坡脚、地下采空、水库蓄水、泄水等改变坡体原始平衡状态的人类活动,都会诱发崩塌活动。

还有一些其他因素,如冻胀、昼夜温度变化等也会诱发崩塌。

4.防治崩塌的工程措施

(1)遮挡。即遮挡斜坡上部的崩塌物。这种措施常用于中、小型崩塌或人工边坡崩塌的防治中,通常采用修建明硐、棚硐等工程,在铁路工程中较为常用。

(2)拦截。对于仅在雨后才有坠石、剥落和小型崩塌的地段,可在坡脚或半坡上设置拦截构筑物。如设置落石平台和落石槽以停积崩塌物质,修建挡石墙以拦坠石;利用废钢轨、钢钎及钢丝等编制钢轨或钢钎棚栏来拦截,这些措施也常用于铁路工程。

(3)支挡。在岩石突出或不稳定的大孤石下面修建支柱、支挡墙或用废钢轨支撑。

(4)护墙、护坡。在易风化剥落的边坡地段修建护墙,对缓坡进行水泥护坡等。一般边坡均可采用。

（5）镶补沟缝。对坡体中的裂隙、缝、空洞，可用片石填补空洞，水泥沙浆沟缝等以防止裂隙、缝、洞的进一步发展。

（6）刷坡、削坡。在危石孤石突出的山嘴以及坡体风化破碎的地段，采用刷坡技术放缓边坡。

（7）排水。在有水活动的地段，布置排水构筑物，以进行拦截与疏导。

图3-44　陕西榆林山体滑坡现场

(二)滑坡遗迹景观

滑坡是指斜坡上的土体或者岩体，受河流冲刷、地下水活动、地震及人工切坡等因素影响，在重力作用下，沿着一定的软弱面或者软弱带，整体地或者分散地顺坡向下滑动的自然现象（图3-44）。俗称走山、垮山、地滑、土溜等。

1. 分类

为了更好地认识和治理滑坡，需要对滑坡进行分类。但由于自然界的地质条件和作用因素复杂，各种工程分类的目的和要求又不尽相同，因而可从不同角度进行分类。

1) 按滑坡体的体积划分

（1）小型滑坡：滑坡体积小于 $10 \times 10^4 m^3$；

（2）中型滑坡：滑坡体积为 $10 \times 10^4 \sim 100 \times 10^4 m^3$；

（3）大型滑坡：滑坡体积为 $100 \times 10^4 \sim 1\,000 \times 10^4 m^3$；

（4）特大型滑坡（巨型滑坡）：滑坡体体积大于 $1\,000 \times 10^4 m^3$。

2) 按滑坡的滑动速度划分

（1）蠕动型滑坡：人们凭肉眼难以看见其运动，只能通过仪器观测才能发现的滑坡；

（2）慢速滑坡：每天滑动数厘米至数十厘米，人们凭肉眼可直接观察到滑坡的活动；

（3）中速滑坡：每小时滑动数十厘米至数米的滑坡；

（4）高速滑坡：每秒滑动数米至数十米的滑坡。

3) 按滑坡体的度物质组成和滑坡与地质构造关系划分

（1）覆盖层滑坡。如粘性土滑坡、黄土滑坡、碎石滑坡、风化壳滑坡。

（2）基岩滑坡。均质滑坡、顺层滑坡、切层滑坡。顺层滑坡又可分为沿层面滑动或沿基岩面滑动的滑坡。

（3）特殊滑坡。融冻滑坡、陷落滑坡等。

4) 按滑坡体的厚度划分

（1）浅层滑坡；

（2）中层滑坡；

（3）深层滑坡；

（4）超深层滑坡。

5) 按形成的年代划分

（1）新滑坡；

（2）古滑坡；

（3）老滑坡；

（4）正在发展中滑坡。

6）按力学条件划分

（1）牵引式滑坡；

（2）推动式滑坡。

7）按物质组成划分

（1）土质滑坡；

（2）岩质滑坡。

8）按滑动面与岩体结构面之间的关系划分

（1）同类土滑坡；

（2）顺层滑坡；

（3）切层滑坡。

2. 产生滑坡的主要条件

产生滑坡的主要条件：一是地质条件与地貌条件；二是内外营力（动力）和人为作用的影响。第一个条件与以下几个方面有关。

（1）岩土类型。岩土体是产生滑坡的物质基础。一般说，各类岩、土都有可能构成滑坡体，其中结构松散，抗剪强度和抗风化能力较低，在水的作用下其性质能发生变化的岩、土，如松散覆盖层、黄土、红粘土、页岩、泥岩、煤系地层、凝灰岩、片岩、板岩、千枚岩等及软硬相间的岩层所构成的斜坡易发生滑坡。

（2）地质构造条件。组成斜坡的岩、土体只有被各种构造面切割分离成不连续状态时，才有可能向下滑动的条件。同时，构造面又为降雨等水流进入斜坡提供了通道。故各种节理、裂隙、层面、断层发育的斜坡，特别是当平行和垂直斜坡的陡倾角构造面及顺坡缓倾的构造面发育时，最易发生滑坡。

（3）地形地貌条件。只有处于一定的地貌部位，具备一定坡度的斜坡，才可能发生滑坡。一般江、河、湖（水库）、海、沟的斜坡，前缘开阔的山坡、铁路、公路和工程建筑物的边坡等都是易发生滑坡的地貌部位。坡度大于10°、小于45°，下陡中缓上陡、上部成环状的坡形是产生滑坡的有利地形。

（4）水文地质条件。地下水活动在滑坡形成中起着主要作用。它的作用主要表现在软化岩、土，降低岩、土体的强度，产生动水压力和孔隙水压力，潜蚀岩、土，增大岩、土容重，对透水岩层产生浮托力等。尤其是对滑面（带）的软化作用和降低强度的作用最突出。

就第二个条件而言，在现今地壳运动的地区和人类工程活动的频繁地区是滑坡多发区，外界因素和作用，可以使产生滑坡的基本条件发生变化，从而诱发滑坡。主要的诱发因素有地震、降雨和融雪、地表水的冲刷、浸泡、河流等地表水体对斜坡坡脚的不断冲刷；不合理的人类工程活动，如开挖坡脚、坡体上部堆载、爆破、水库蓄（泄）水、矿山开采等都可诱发滑坡，还有如海啸、风暴潮、冻融等作用也可诱发滑坡。

3. 滑坡前的异常现象

不同类型、不同性质、不同特点的滑坡，在滑动之前，均会表现出不同的异常现象。显示出滑坡的预兆(前兆)。归纳起来,常见的有如下几种。

(1)大滑动之前,在滑坡前缘坡脚处,有堵塞多年的泉水复活现象,或者出现泉水(井水)突然干枯,井(钻孔)水位突变等类似的异常现象。

(2)在滑坡体中,前部出现横向及纵向放射状裂缝,它反映了滑坡体向前推挤并受到阻碍,已进入临滑状态。

(3)大滑动之前,滑坡体前缘坡脚处,土体出现上隆(凸起)现象,这是滑坡明显的向前推挤现象。

(4)大滑动之前,有岩石开裂或被剪切挤压的音响。这种现象反映了深部变形与破裂。动物对此十分敏感,有异常反映。

(5)临滑之前,滑坡体四周岩(土)体会出现小型崩塌和松弛现象。

(6)如果在滑坡体有长期位移观测资料,那么大滑动之前,无论是水平位移量或垂直位移量,均会出现加速变化的趋势。这是临滑的明显迹象。

(7)滑坡后缘的裂缝急剧扩展,并从裂缝中冒出热气或冷风。

(8)临滑之前,在滑坡体范围内的动物惊恐异常,植物变态。如猪、狗、牛惊恐不宁,不入睡,老鼠乱窜不进洞;树木枯萎或歪斜等。

(三)泥石流遗迹景观

泥石流是指在山区或者其他沟谷深壑、地形险峻的地区,因为暴雨暴雪或其他自然灾害引发的山体滑坡并携带有大量泥沙以及石块的特殊洪流。泥石流具有突发性以及流速快、流量大、物质容量大和破坏力强等特点。泥石流常常会冲毁公路铁路等交通设施甚至村镇等,造成巨大损失。

泥石流是一种自然灾害,是山区特有的一种自然地质现象。由于降水(包括暴雨、冰川、积雪融化水等),产生在沟谷或山坡上的一种夹带大量泥沙、石块等固体物质的特殊洪流,是高浓度的固体和液体的混合颗粒流。它的运动过程介于山崩、滑坡和洪水之间,是各种自然因素(地质、地貌、水文、气象等)、人为因素综合作用的结果。泥石流灾害的特点是规模大,危害严重,活动频繁,危及面广,且重复成灾。

一般情况下,泥石流的发生有3个条件:①大量降雨;②大量碎屑物质;③山间或山前沟谷地形。

连续降暴雨或突降大暴雨,山区会发生山洪暴发。如果山高坡陡谷深,乱石沙土遍野,大量土石混入山洪之中,就形成黏稠浑浊的泥石流。泥石流经常突然爆发,来势凶猛,可携带巨大的石块,并以高速前进,具有强大的能量,因而破坏性极大。它不仅可以冲毁所经路程碰到的一切,还可掩埋乡镇农田,阻塞河流。

世界上发生泥石流的区域分布广泛。除南极洲外,各大洲都有泥石流的踪迹。泥石流最多的地区是欧洲阿尔卑斯山区、亚洲喜马拉雅山区、南北美洲太平洋沿岸山区和欧亚美各大洲内部的一些山区。

我国是多山之国,受岩层断裂等地质构造的影响,许多山体陡峭,岩石结构不稳固,森林覆盖面积不多,遇到季风气候的连阴雨、大暴雨天气,常发生严重的泥石流灾害。黄土高原、天山、昆仑山等山前地带、太行山、长白山泥石流危害都很严重。我国的台湾省也经常有泥石流发生。

据统计,我国每年有近百座县城受到泥石流的直接威胁和危害,有20条铁路干线的走向经过1 400余条泥石流分布范围内,1949年以来,先后发生中断铁路运行的泥石流灾害300余起,有33个车站被淤埋。在我国的公路网中,以川藏、川滇、川陕、川甘等线路的泥石流灾害最严重,仅川藏公路沿线就有泥石流沟1 000余条,先后发生泥石流灾害400余起,每年因泥石流灾害阻碍车辆行驶时间长达6个月左右。泥石流还对一些河流航道造成严重危害,如金沙江中下游、雅砻江中下游和嘉陵江中下游等,泥石流活动及其堆积物是这些河段通航的最大障碍。泥石流还对修建于河道上的水电工程造成很大危害,如云南省近几年受泥石流冲毁的中、小型水电站达360余座、水库50余座;上千座水库因泥石流活动而严重淤积,造成巨大的经济损失。

2010年8月7日22时许,甘南藏族自治州舟曲县突降强降雨,县城北面的罗家峪、三眼峪泥石流下泄,由北向南冲向县城,造成沿河房屋被冲毁,泥石流阻断白龙江,形成堰塞湖。

四、采矿遗迹景观

采矿(ore mining)是自地壳内或地表开采矿产资源的技术和科学。一般指金属或非金属矿床的开采,广义的采矿还包括煤和石油的开采及选矿。其实质是一种物料的选择性采集和搬运过程。采矿工业是一种重要的原料采掘工业,如金属矿石是冶金工业的主要原料,非金属矿石是化工原料和建筑材料,煤和石油是重要的能源。多数矿石需经选矿富集,方能作为工业原料。

采矿科学技术的基础是岩石破碎、松散物料运移、流体输送、矿山岩石力学和矿业系统工程等理论。需要运用数学、物理、力学、化学、地质学、系统科学、电子计算机等学科的最新成果。采矿工业在已基本达到的高度机械化基础上,通过改进综采设备的设计、造型、材质、制造工艺、检验方法和维修制度等,将进一步提高其生产能力和设备利用率。同时矿井在提升、运输、排水、通风、瓦斯监控等许多环节将实现自动化和遥控。地下和露天矿都将实现计算机集中自动管理监控。有的国家已将机器人试用于井下回采工作面,开采对人员损害较大的矿种。另外,随着人类对地下矿产的不断开采,开采品位由高到低,资源紧缺,迫使使用低品位矿产,选择适当的采矿和选矿方法,进行综合采选、综合利用,提高矿产资源的利用率和回采率,降低矿石的损失率和贫化率。采矿和选矿过程中生成的有毒气体、废水、废石和粉尘等物质以及噪声和振动等因素,对环境、土地、大气和水质等造成危害,一直是人们关心的课题。各国研究环保问题中进一步提出了资源的长期利用问题,特别着眼于废渣、废石、废液的重复使用、破坏后土地复用等。制定强有力的法律,采取有效措施确保矿山环境。

采矿遗址也叫矿业遗迹、矿山遗迹。简单的说就是矿业开发过程中遗留下来的踪迹和与采矿活动相关的实物,具体主要指矿产地质遗迹和矿业生产过程中探、采,以及位于矿山附近的选、冶、加工等活动的遗迹、遗物和史籍。矿业遗迹包括矿产地质遗迹、矿业生产遗迹、矿业制品遗存、矿山社会活动遗迹和矿业开发文献史籍等5大类别。

到2011年底,我国共有61个公园获国家矿山公园资格,图为湖北黄石国家矿山公园(图3-45)。

图3-45　湖北黄石国家矿山公园露天采坑遗址

第四章　中国的世界地质公园简介

安徽黄山地质公园

概况

安徽黄山地质公园雄踞于风光秀丽的皖南山区,面积约1 200km²,是以中生代花岗岩地貌为特征的地质公园。黄山以雄峻瑰奇而著称,千米以上的高峰有72座,峰高峭拔、怪石遍布。山体峰顶尖陡,峰脚直落谷底,形成群峰峭拔的中高山地形。黄山自中心部位向四周呈放射状地展布着众多的U形谷和V形谷。山顶、山腰和山谷等处,广泛地分布有花岗岩石林石柱,特别是巧石遍布群峰、山谷。主要类型有穹状峰、锥状峰、脊状峰、柱状峰、箱状峰等。区内奇峰耸立,巍峨雄奇;青松苍翠,挺拔多姿;巧石嶙峋,如雕如塑;云海浩瀚,气势磅礴;温泉水暖,喷涌不歇。

在距今约1.4亿年前的晚侏罗世,地下炽热岩浆沿地壳薄弱的黄山地区上侵,大约在6500万年前后,黄山地区的岩体发生较强烈的隆升。随着地壳的间歇抬升,地下岩体及其上的盖层遭受风化、剥蚀,同时也受到来自不同方向的各种地应力的作用,在岩体中又产生出不同方向的节理。自第四纪(距今175万年)以来,间歇性上升形成了三级古剥蚀面,终于形成了今天的黄山。在这些岩体中,由于在矿物组分、结晶程度、矿物颗粒大小、抗风化能力和节理的性质、疏密程度等多方差异,造成了宛如鬼斧天工般的黄山美景。

黄山以奇松、怪石、云海和丰富的水景以及它们的相互组合表现其特质,显示了黄山天然的完美和谐,在丰富多变中见其有机统一。在立马桥、天都峰、北海等地段,被认为具有第四纪冰川而闻名。黄山冰川的存在与否,已争论了半个多世纪,至今尚无定论,这也是黄山地质公园又一诱人的魅力所在。

黄山1985年入选全国十大风景名胜;1990年12月被联合国教科文组织列入《世界文化与自然遗产名录》;2004年2月被联合国教科文组织评选为首批世界地质公园。

主要景点

黄山云海

黄山云海,主要是由层积云和地面雾所形成的。漫天的云雾,随着峰峦的气流飘移,时而浓雾滚滚,时而散如蝶飞,时而聚如幔卷,时而缓缓升起,时而急速下坠,时而回旋如转轮,时而舒展如飘带，构成了一幅幅奇妙变幻的云海大观（图4-1）。

黄山云海的分布，一般分为五大区，即东、西、南（前）、北（后）和景区中央的天海。黄山观赏云海最理想的地点也有五处，即：白鹅岭观东海，狮子峰观北（后）海，排云亭观西海，玉屏楼观南（前）海。在这些观赏点上，可以看到瞬息万变的云海奇观，以及它给黄山赋予的奇幻魅力。

图4-1　黄山云海

飞来石

飞来石高12m，宽8m，厚1.5～2.5m，重约360t，形态奇特，如此巨石却被竖立在一块长约12～15m，宽8～10m的平坦岩石上，令人惊叹不已！游人站在平台边缘上凭栏揽胜，对面的双剪峰、双笋峰就像一幅神奇的泼墨山水画。地质学家认为，飞来石这一奇观是地质变化过程中形成的，真可谓天设地造（图4-2）。

迎客松

黄山是天然的植物园。公园内植被的主体垂直分带明显，森林群落具有乔木、灌木和草本植物的三层完整结构。自然分布的原生物种有1 805种，其中，南方红豆杉、天目木姜子等10个物种属濒临灭绝的物种，属中国特有种6种，属黄山特有种2种，国家一级保护的有5种，二级保护的23种，三级保护的13种。

黄山松是植物学上一个著名的独立树种，它们干曲枝虬，百态千姿，被誉为黄山胜景中的"一绝"。驰名中外的迎客松，是中国人友善好客精神的象征，已成为珍奇无比的国之瑰宝（图4-3）。

图4-2　飞来石

图4-3　黄山怪松

江西庐山地质公园

概况

江西庐山地质公园位于长江中下游的长江南岸,鄱阳湖之西,山、江、湖融为一体,自然环境独特优美。公园总面积为500km²,在这面积不大的区域内,有着在国内外地学界影响颇大的第四纪冰川地质遗迹、独特断块山、变质核杂岩伸展构造、多成因复合地貌景观,以及出露齐全的元古宙地层,为国内外地质科学者提供了一个非常好的科研与教学基地。

庐山地质公园的地质构造以第四纪冰川和罕见的变质核岩及伸展构造为特征。公园内冰斗、冰窖、U形谷、悬谷、漂砾、刃脊等冰川遗迹十分丰富,可以与中欧阿尔卑斯北麓,北欧、北美地区的第四纪冰期等对比,属海洋性山麓冰川类型,有很强的代表性和全球对比意义,具有极高的科学价值和地学价值。庐山是一座不同一般的断块山,山体边界一侧由断层崖构成,另一侧由剪切解理而构成。变质核盖层中的固流褶皱十分发育且典型。庐山近江临湖,雨量充沛,云雾变幻莫测,又多嶂谷悬崖,水体景观壮美,生物多样纷繁。公园内人文景观和旅游资源十分丰厚,1996年就被联合国教科文组织世界遗产委员会以世界文化景观列入《世界遗产名录》;2001年3月被批准为中国首批国家地质公园;2004年2月被联合国教科文组织列入首批世界地质公园。

主要景点

千佛峰滑脱褶皱

千佛峰滑脱褶皱较为典型,岩层在滑动中强烈变形,似乎杂乱无章,形态万千,好像有众多佛像坐在一座山峰上(图4-4)。一般滑脱褶皱越向上部的自由空间,褶皱变形越强烈。

图4-4 千佛峰滑脱褶皱

石门涧

石门涧,长约3 000m,宽200余米,谷地呈槽状,亦是冰川谷(图4-5)。在其出口处,由基岩及其上覆的冰积物组成一横亘于谷中的门槛,形成冰坎地形。石门涧水系发育丰沛,有急湍奔泻的石门涧瀑布。

图4-5 石门涧冰坎

芦林冰碛泥砾剖面

芦林冰碛泥砾剖面位于大校场冰川U形谷口的冰碛剖面，由黄棕色泥砾组成，最大砾石约3.5m，大小混杂无分选，是20万～40万年前庐山期冰川消融后的堆碛物（图4-6）。其中曾发现过冰川条痕石及熨斗石，都是冰川形成的依据。

鼻山尾

鼻山尾是耸立在鄱阳湖中的孤岛，高约90m，由石灰岩构成，东高西低，四周悬崖绝壁。山如鞋行，仿佛是鄱阳仙子失落在湖中的一只青缎绣花鞋，又宛如仰卧湖面上人的鼻子（图4-7）。地质上把这种特殊的冰川地貌，称为鼻山尾。

图4-6 芦林冰碛泥砾剖面　　　　　　　　　　图4-7 鼻山尾

河南云台山地质公园

概况

河南云台山地质公园位于太行山南麓，河南省焦作市北部，面积约556km²，是一处以裂谷构造、水动力作用和地质地貌景观为主，以自然生态和人文景观为辅，集科学价值与美学价值于一身的综合型地质公园。公园分为云台山、神农山、青龙峡、峰林峡和青天河五大园区，云台山悬泉飞瀑、青龙峡深谷幽涧、峰林峡石墙出缩、青天河碧水连天、神农山龙脊长城，共同构成一幅山清水秀、北国江南的锦绣画卷。

公园由一系列具有特殊科学意义和美学价值、能够代表本地区地质历史和地质作用的地质遗迹组成。在裂谷作用大背景下形成的"云台地貌"，是新构造运动的典型遗迹，是中国地貌家庭中的新成员。在长期处于构造稳定状态的华北古陆核上，发育了一套相对完整且具代表性的地台型沉积，完整地保存了中元古代、古生代海洋环境，尤其是陆表海环境的沉积遗迹。云台山太古代林山群地层中还发现了碎屑锆石，经北京离子探针中心测定其年龄值为(3 399±8)Ma(约

34亿年），具有重大的科学研究价值。特殊的大地构造位置形成了独特的水动力条件，造就了公园特有的地理地貌特征，使其兼具北方之雄浑、江南之灵秀，并成为中国特殊植被的北界和最高纬度的猕猴保护区。2004年2月13日，云台山被联合国教科文组织评选为首批世界地质公园。

主要景点

红石峡

红石峡是新构造运动的强烈抬升和水蚀作用的深度切割形成的碧水丹峡（图4-8）。峡内瀑泉飞泻，溪潭珠串。漫步崖壁栈道，尽可领略丹崖、碧水、蓝天构成的一幅精美画卷，还可欣赏砂岩层内的交错层理、层面波痕、龟裂构造等丰富的地质现象。

图4-8 红石峡

龙脊长城

龙脊长城是在两条峡谷间高耸的龙脊状山岭，长11.5km，高100～200m，宽仅数米至十余米。整个山岭由石灰岩构成，近水平产出的层理和两组垂直节理共同将石灰岩切割成大小不一的块体，好像一块块巨石堆砌的石墙，一岭九峰，岭若长城，峰似烽火台，俨然一座大自然造就的天然长城（图4-9）。地质学上称之为"残余分水岭"。

图4-9 龙脊长城

鲸鱼湾

鲸鱼湾为青天河园区的一处半圆形转弯，远观其景，因其内侧的山梁外形酷似鲸鱼头部，近两米高的水位消减带恰似鲸鱼的唇边，故名鲸鱼湾（图4-10）。它是在东亚裂谷背景下形成的近南北向张裂带和近东西向次级断裂，经河流的长期侵蚀和下切形成的独特地貌形态，可与雅鲁藏布江"大拐弯"媲美。

图4-10 鲸鱼湾

青龙峡

青龙峡位于焦作市北，是以山水风光为主的生态型旅游区。苍山翠岭雄奇险秀，幽谷奇峡泉瀑争流，万年溶洞奇异神秘，千年古树相映生辉，有"中原第一峡"之美誉（图4-11）。

图4-11 青龙峡

云南石林地质公园

概况

位于云南红土高原的云南石林地质公园,是著名的喀斯特地貌奇观集聚地,距省会城市昆明78km,海拔在1 600～1 900m之间,属亚热带低纬度高原山地气候,年平均温度约16℃,具有"冬无严寒、夏无酷暑、四季如春"的特点,是世界上最具魅力的旅游胜地之一。云南石林世界地质公园因高大的石灰岩溶柱呈密集林状分布而得名。在公园区域内,剑状、柱状、蘑菇状、塔状的石林成簇成片分布于山坡、沟谷和洼地之中,集中体现了世界上主要的石林形态。公园内除石林地貌外,还发育有石牙、溶丘、洼地、溶蚀湖、漏斗、溶洞、暗河、天生桥及瀑布等,它们与石林一起构成了一幅喀斯特地貌全景图,被誉为"石林喀斯特博物馆"。

云南石林地质公园是一个以石林地貌景观为主的岩溶地质公园。晚古生代这里为滨海—浅海环境,沉积了上千米的石灰岩、白云岩,为形成本区石林地貌奠定了基础。经受后期地壳运动的抬升作用成为陆地,多期次遭受地下水、地表水沿岩石裂隙进行溶蚀,最后形成了组合类型多样的石林地貌景观。最早一期石林形成于2.5亿多年前的早二叠世晚期,而最新一期还正在形成。1982年,石林被列为中国首批国家重点风景名胜区;2002年,被列为中国首批国家地质公园;2004年,被联合国教科文组织列为首批世界地质公园。

主要景点

大石林风景区

整个景区由密集的石峰组成,犹如一片石盆地。这里的石林直立突兀,线条顺畅,并呈淡淡的青灰色,最高大的独立岩柱高度超过40m(图4-12)。其中有莲花峰、剑峰池、千钧一发、极狭通人、象距石台、幽兰深谷、凤凰梳翅等典型景点,最著名的当数龙云题词石林之处的石林胜境,而望峰亭为欣赏林海的最佳处。人们行走在峰林间,不几步便被石峰挡道,曲折迂回之后,又是另一番天地。

小石林风景区

与密集的大石林相比,邻近的小石林便显得疏朗、清雅、秀美。宽厚墩实的石壁像屏风一样,将小石林分割成若干园林。小石林中有一座顶端呈淡红色的山峰,宛若一位身

图4-12　大石林

材苗条的撒尼少女,被人们称为"阿诗玛"(图4-13)。

仙女湖景区

仙女湖景区在路美邑镇,县城东北面,距石林中心景区5km。景区由清水塘村、仙女湖石林及尾博邑峡谷等景点组成。该景区尚未建设开放,已被石林管理区纳入发展规划之中,拟在涵养湖水、绿化荒山的基础上,将仙女湖观赏和传统村寨体验与仙女湖南部的高尔夫球俱乐部结合,形成独特的游览区。

仙女湖是以石林结合水面、规模最大、景色最美的景观,附近的清水塘村,古朴宁静,充满浓郁的撒尼民族风情(图4-14)。苦楝树荫中的红土房子,乡村道上的牛车马车,高高的烤烟房,长满大片青苔的茅草房顶,以及秋天、冬天满树悬挂着的金黄苞谷串……构成了一幅美丽的风景画。

奇风洞景区

奇风洞景区位于石林西北5km处的一片石林之间,是一个会"呼吸"的山洞(图4-15)。在石林县诸多溶洞中,数它最奇特。洞虽不大,直径约1m,但每到雨季,洞内便会发出像老牛喘气一般的声音。有人故意用泥巴封住洞口,它也能毫不费力地把泥巴吹开。若在洞口燃起干柴,洞中的风便把火苗浓烟吹腾飞扬,停歇10多分钟之后,又开始吸气,烟火又被"吞入"洞内,如此一呼一吸,循环往复不绝。奇风洞的呼吸现象并非四季常有,通常发生在6月—10月间。

图4-13 小石林

图4-14 仙女湖

图4-15 奇风洞景区

广东丹霞山地质公园

概况

广东丹霞山地质公园坐落于广东仁化县城南约9km处,距韶关市区56km。丹霞山与南海罗浮山、博罗罗浮山、肇庆鼎湖山并列为广东四大名山。丹霞山主峰海拔409m,与众多名山相比它不算高，但它集黄山之奇、华山之险、桂林之秀于一身，具有一险、二奇、三美的特点。三百多年前澹归和尚在丹霞山开辟别传寺时，曾挑出12处风景，命名丹霞十二景：锦水滩声、玉台爽气、杰阁晨钟、丹梯铁索、舵石朝曦、竹坡烟雨、双沼碧荷、乳泉春溜、累顶浮图、虹桥拥翠、片鳞秋月。丹霞山一年四季无论晴雨早晚，都有不同的景色供游人观赏。

丹霞山由形成于6000万年前的河、湖中红色砂岩构成，经千百年流水的塑造形成巍峨独特的地形，地理学上称为"丹霞"。丹霞山是中国面积最大、发育最典型、类型最齐全、形态最丰富、风景最优美的丹霞山地貌，具有雄、奇、秀、险、幽、奥、旷等特点。

主要景点

赤壁丹霞

世界上由红色陆相砂砾岩构成的以赤壁丹崖为特色的一类地貌均被称为丹霞地貌，丹霞山便是这一类特殊地貌的命名地。丹霞山位于南岭山脉南侧的一个山间盆地中，整体为红层峰林式结构，有大小石峰、石堡、石墙、石柱380多座，主峰巴寨海拔618m，大多山峰在300~400m之间，高低参差、错落有致、形态各异、气象万千。丹霞山由红色砂砾岩构成，以赤壁丹崖为特色，看去似赤城层层，云霞片片，古人取"色如渥丹，灿若明霞"之意，称之为丹霞山。丹霞山又称"中国红石公园"，自古为岭南第一奇山。各种形态组合的丹霞地貌若千年石堡。丹霞的山石拟人拟物、拟兽拟禽，宛如雕塑大师的一尊尊艺术杰作，但却无一不是出于大自然的鬼斧神工（图4-16）。

图4-16 赤壁丹霞

锦江

锦江似一条玉带自北而南穿行于丹霞山群峰之中，沿岸赤壁临江，朱碧辉映，翠竹夹岸。目前开辟水上游程10km，沿途几十处景点串珠分布。下游至望江亭，可见仙山琼阁遍山石盆景风光；上游直达阳元山景区，经过景点有鲤鱼跳龙门、锦岩大赤壁、群象过江等（图4-17）。

图4-17 秀丽锦江

阳元山

阳元石（图4-18）高28.5m，直径7m。其形状不论是上部（头部）、中间到下部，与男性生殖器都十分形似，甚至色泽、血管都十分形似。据专家考证，作为一个天然石柱，它从阳元山的大石墙分离出来已经有久远的历史。称其为阳元石是取其阳刚之阳，元气之元，意即阳刚之气。阳元石乃天然之物，其形状丝毫未经人工雕琢，故阳元石在当地也称"祖石"。阳元石与阴元石隔山隔江相望，直线距离不到5km，是大自然恩赐给丹霞山的瑰宝，每年都吸引大批中外游客前来观光游览。

图4-18 阳元石

湖南张家界砂岩峰林地质公园

概况

湖南张家界砂岩峰林地质公园位于中国湖南西北部，属中国西南地区云贵高原东北部与湘西北中低山区过渡地带的武陵山脉之中。张家界砂岩峰林地貌是世界上独有的，具有相对高差大，高径比大，柱体密度大，拥有软硬相间的夹层，柱体造型奇特，植被茂盛，珍稀动植物种类繁多等特点，特别是其拥有独特的且目前保存完整的峰林形成标准模式，即平台、方山、峰墙、峰林（图4-19）、蜂丛、残林形成的系统地貌景观，在此地区得到完美体现，且至今仍保持着几乎未被扰动过的自然生态环境系统。因此，从科学的角度和美学的角度评价，张家界砂岩峰林地貌与石林地貌、丹霞地貌以及美国的丹佛地貌相比，其景观、特色更胜一筹，是世界上极其特殊的、珍贵的地质遗迹景观。2004年，被联合国教科文组织列入世界地质公园。

主要景点

杨家界

位于张家界西北，北邻天子山，横贯武陵源区西端的中湖乡，由香芷溪、龙泉峡、百猴谷三个小景区组成，总面积3 400hm²，有精华景点200多个，以"天下第一奇瀑"龙泉瀑布最为著名。

图4-19 砂岩峰林

杨家界境内奇峰千座,溪涧纵横,泉瀑处处,潭水幽幽,揽张家界仰视和天子山俯瞰观赏特点于一身。动植物资源亦十分丰富,悬崖沟谷中上千只猕猴散布,白鹤坪中上万只白鹭会聚,崇山峻岭中遍布奇异的五色花、夜合花、绝壁藤王。

黄石寨

黄石寨是张家界旅游区的精华,主要景点有天书高挂、雄狮回首、定海神针、文星岩、独龙戏珠、留君一座等神似象形景观。

黄龙洞

全长7.5km,垂直高度140m。洞体共分四层,洞中有洞,洞中有河,石笋、石柱、石钟乳各种洞穴奇观琳琅满目,美不胜收。据专家考证,大约3.8亿年前,黄龙洞地区是一片汪洋大海,沉积了可溶性强的石灰岩和白云岩地层,经过漫长年代开始孕育洞穴,直到6500万年前地壳抬升,出现了干溶洞,然后经岩溶和水流作用,便形成了今日地下奇观。张家界黄龙洞以立体的洞穴结构,庞大的洞穴空间,宽阔的龙宫大厅及数以万计的石笋,高大的洞穴瀑布,水陆兼备的游览线等优势构成了国内外颇有特色的游览洞穴,洞内有1库、2河、3潭、4瀑、13大厅、98廊,以及几十座山峰,上千个白玉池和近万根石笋(图4-20)。由石灰质溶液凝结而成的石钟乳、石笋、石柱、石花、石幔、石枝、石管、石珍珠、石珊瑚等遍布其中,无所不奇,无奇不有,仿佛一座神奇的地下"魔宫"。

图4-20　石笋

金鞭溪

金鞭溪位于张家界风景区,因流经金鞭岩而得名,全长5 710m,金鞭溪沿线是武陵源风景最美的地界,从张家界森林公园门口进入后,往前步行300m左右就是金鞭溪的入口。主要景致有神鹰护鞭((图4-21))、醉罗汉、金鞭岩、花果

图4-21　神鹰护鞭

山、水帘洞、劈山救母、千里相会(图4-22)、楠木坪、水绕四门等。

黑龙江五大连池地质公园

概况

黑龙江五大连池地质公园地处小兴安岭山地向松嫩平原的过渡地带,总面积为1 060km²。主要地质遗迹有:14座孤峰状火山、11座盾形火

图4-22 千里相会

山和8座岩渣锥火山;800多千米的熔岩台地上,河流、湖泊星罗棋布;多处天然冷矿泉出露地表。

公园里矗立着14座新老期火山,拥有世界上保存最完整、分布最集中、品类最齐全、状貌最典型的新老期火山地质地貌,如石龙、石海、熔岩瀑布、熔岩暗道、熔岩钟乳、象鼻熔岩、翻花熔岩、喷气锥碟、火山砾和火山弹等微地貌景观,被科学家称之为"天然火山博物馆"和"打开的火山教科书"。五个汐水相连的如串珠般湖泊,是最新期火山岩浆填塞了浩瀚的远古凹陷盆地湖乌德林池而形成,五大连池也因此而得名。这里的铁硅质重碳酸钙镁型的矿泉水,是蜚声中外的世界名泉,享有神泉、圣水的美誉,和法国的维希矿泉、俄罗斯北高加索矿泉并称为"世界三大冷泉"。

1982年,五大连池被国务院批准为国家重点风景名胜区;2001年,被国土资源部批准为首批国家地质公园;2004年,被联合国教科文组织批准为首批世界地质公园。

主要景点

南格拉球天池

南格拉球天池(图4-23)是世界火山最娇美最精巧的"天池盆景"。这个清澈如镜的火口湖泊,直径500m,湖水深度也曾达到过15m,四季水清如镜,湖中生长着一种珍奇的"火山倒鳞鱼"。在天池边缘向北观看,那里是当年火山爆发时岩浆流出的溢道,在仙境般的火口湿地中保留着三处池潭,西南潭深5m与地下水源相通,池潭里蛙声阵阵,潭水中鱼翔浅底。

图4-23 南格拉球古火山天池全景

水晶宫、白龙洞——火山熔洞地质观光区

在五大连池这片神奇的土地上,火山喷发造就

了许多地下溶洞奇观。其形成原因，一方面是古火山地下有岛状冻土层存在；另一方面由于火山喷发的岩浆在流动中受冷空气的作用下，表面已凝固成硬壳，下部的岩流仍处于流动状态，而后续岩浆补充不足的地方就形成了中空，随着时间的延长，整个岩浆冷却凝固后，里面就产生了大小各异、特点不同的冰雪、熔洞，火主要景点就是位于西焦德布山北侧的水晶宫洞和白龙洞。

水晶宫（图4-24）形成于51.2万年，全长150多米，深23m，洞内平均温度为-5℃，洞壁是各种奇形怪状的熔岩，洞顶是低垂下来的熔岩钟乳。更为美妙的是如玉的霜花遍布洞内，晶莹剔透，洁净素雅，脚下万载寒冰，终年不化，"三伏赏冰雪"是五大连池奇观之一。

被称为地下万载冰河的白龙洞（图4-25）全长515m，可观赏374m，除了声光电外，纯天然景致，未加人工雕琢，洞底冰体覆盖光滑如镜呈阶梯式斜坡状，洞的尽头有两个传说是锁白龙的巨大溶岩石柱，因此民间传为"白龙洞"。

图4-24　白龙洞

图4-25　水晶宫的霜花

龙门石寨

龙门石寨（图4-26）是距今28万～34万年间龙门山首期喷发时形成的盾火山，当上部岩浆凝固后，下部的岩流推进破裂成块，后经多次火山喷发运动形成，分布成面积大小不等的巨石群，地质学上称为块状熔岩石塘，大的直径5m以上。最为气势雄伟的石塘陡坎儿，像倒塌的古城墙，故此被称为"龙门石寨"，有可介绍景观景点54处，总面积可达50km²。

图4-26　龙门石寨

河南嵩山地质公园

概况

河南嵩山地质公园位于河南省登封市,在大地构造上处于华北古陆南缘,在公园范围内,连续完整地出露35亿年以来太古代、元古代、古生代、中生代和新生代五个地质历史时期的地层,地层层序清楚,构造形迹典型,被地质界称为"五代同堂",实际上是一部完整的地球历史石头书。其北濒伊洛,南环颖水,面积464km²。嵩山主峰地区的玉寨山、峻极峰、五指岭、尖山等,多为石英岩组成,加之构造运动所致,使诸峰在400m标高上拔地而起,立壁千仞,险峻清秀,奇峰异谷遍布全区,形成独特的地形、地貌。

山体峰岩破碎的节理、裂隙形成形状大小、深浅不同的峡谷、产状直立的石英岩(图4-27)被剥蚀为簇林地貌或壁立千仞的悬崖,形成隆、陷、褶、断等地壳表面构造类型与环、线、块相间排列的构造格局,是地壳构造演化的一个缩影,是研究前寒武系沉积建造受运动影响挤压变质、褶皱造山、剥蚀夷平等过程乃至地壳演化规律的天然实验场(图4-28),是对游人普及地球科学知识的宝库。

2004年2月,被联合国教科文组织批准为首批世界地质公园。

图4-27 嵩山山皇寨直立石英岩层

主要景点

玉寨山

玉寨山又名少室山,群山耸峙,拔地腾霄,雄居于嵩山主峰西南,海拔1 512m。山区内清晰地保存着发生在距今23亿年(嵩阳运动)、18.5亿年(中岳运动)和5.7亿年(少林运动)三次前寒武纪全球性地壳运动形成的沉积间断和地层角度不整合界面遗迹,中岳运动塑造了嵩山构造地质体的雏形,为风化剥蚀作用提供了原始条件;燕山运动所产生的构造格局为现今玉寨山面貌提供原形。

图4-28 五佛山重力滑动构造遗迹

峻极峰

峻极峰为嵩山太室主峰,海拔1 492m,巍然耸立于众多山峰之上,凌空飞卧于连天摩云之际,古人有"嵩高维岳,峻极于天"之说。山上有建国初期建设的河南省气象局的气象预报观测站和无线转播设备、设施。嵩岳北连黄河如带,南横箕山似卧,西临洛阳古都,东有省会郑州。古人登泰山而"小天下",今人登嵩山亦有同感。

五指岭

五指岭系伏牛山系嵩山余脉,古称方山、大方山,《山海经》称浮戏山。山上有一峰,上面有五个石柱并立,状如五指,故名。五指岭西接嵩山,北到巩义、荥阳、郑州市郊接邙山,往南至登封、禹州的颍水北岸,往东过新密、新郑到陉山。范围约4 000km²,山峰均在海拔1 000m以上,最高峰鸡鸣峰,位于巩、密、登交界,海拔1 215.9m,峰南部断崖千尺,峰北大致呈10°~15°缓坡下降。局部山势陡峻,峡谷罗列,悬崖峭壁,峰与谷间落差500~700m。

浙江雁荡山地质公园

概况

浙江雁荡山地质公园主要位于浙江省温州市乐清市境内,部分位于永嘉县及温岭市。距杭州300km,距温州70km。地质公园总面积294.6km²,包括3个园区。主园区包括灵峰、三折瀑、灵岩、大龙湫、雁湖西石梁洞、显胜门、仙桥—龙湖、羊角洞等景区,东园区包括方山、长屿硐天,西园区为楠溪江。雁荡山属大型滨海山岳风景名胜区,最高海拔1 056.6m。

2005年2月,被联合国教科文组织批准为第二批世界地质公园。

主要景点

雁荡山核心园区

雁荡山(图4-29)是亚洲大陆边缘巨型火山(岩)带中白垩纪火山的典型代表,是研究流文质火山岩(图4-30)的天然博物馆。雁荡山一山一石记录了距今1.08亿~1.28亿年间一座复活型破火山演化的历史。雁荡山地质遗迹堪称中生代晚期亚欧大陆边缘复活型破火山形成与演化模式的典型范例。它记录了火山爆发、塌陷、复活隆起的完整地质演化过程,为人类留下了研究中生代破火山的一部永久性文献。

雁荡山以锐峰、叠嶂、怪洞、石门、飞瀑称绝,奇特造型,意境深邃,无不令人惊叹,素有"寰中绝胜"、"天下奇秀"之赞誉。雁荡山不附五岳、不类他山,而又独特的品格,"日景耐看、夜

图4-29 雁荡山

图4-30 球泡流纹岩

景销魂"、"一景多变、变换造景"、"观山景、品海鲜"。古人云:不游雁荡是虚生,今人云:不游夜雁荡是虚生。

楠溪江分园区

楠溪江分园区(图4-31)与雁荡山风景区相毗邻,南距温州市区23km。景区总面积625km²,分为七大景区,计800多个景点,以水秀、岩奇、瀑多、村古、滩林美而名闻遐迩。楠溪江主流长139.8km,有36湾72滩。

图4-31 楠溪江

河流柔曲摆荡,缓急有度,江水清澈见底,纯静柔和,水底卵石光洁平滑,色彩斑斓。泛舟漂游江上,近观郁郁滩林,远眺绵绵群山,俯视澄碧江水,令人心旷神怡。

楠溪江流域特质的山岩中出现峰笔立、崖如削、洞悬壁的奇异景观,与柔美的楠溪江水景形成强烈对照,极具刚性之美。较为突出有三面环溪、一峰拔地而起的石桅岩,有姿态各异、参差笔立的十二峰,有四面绝壁、观天如井的崖下库,以及诸如陶公洞、鹤巢洞、天柱峰、棒槌岩之类的奇峰异石,数不胜数。

楠溪江流域山体的断裂构造使各支流形成山崖险峻、峡谷深切的复杂地形,产生了多姿多彩的瀑布。其中有高达124m的百丈瀑,有连续如梯的三级瀑、七级瀑,有形同莲花的莲花瀑,有声如锣鼓的击鼓瀑和打锣瀑,有藏而不露的含羞瀑,有飞珠溅玉、阳光下彩虹映碧瀑的横虹瀑,还有在2km内的溪谷中出现形态各异的九叠飞流。奇峰峭壁,飞瀑碧潭,构成了层次丰富、动静有致的独特景观。

大龙湫

大龙湫(图4-32)落差197m,为中国瀑布之最,有"天下第一瀑"之誉。历代文人墨客,无不为之倾倒。大龙湫在空中、潭底幻成两条龙,腾飞翻卷,仪态万千,变化无穷。清人袁枚曾赋诗曰:"龙湫山高势绝天,一线瀑走兜罗棉。五丈以上尚是水,十丈以下全为烟。况复百丈至千丈,水云烟雾难分焉。"

福建泰宁地质公园

图4-32　大龙湫

概况

福建泰宁地质公园位于福建省西北部的泰宁县,面积492.5km²,由石网、大金湖、八仙崖、金铙山四个园区和泰宁古城游览区组成,是一个以丹霞地貌为主体,兼有花岗岩、火山岩、构造地质地貌等多种地质遗迹,自然生态良好,人文景观丰富的综合性地质公园。

复杂的自然作用雕塑了泰宁地质公园沟壑纵横的地貌景观。由80多处线谷(一线天)、150余处巷谷、240多条峡谷构成的峡谷群,以其峡谷深切、丹崖高耸、洞穴众多、生态天然为特色。它们有的纵横交错,有的齐头并进,有的九曲回肠。人们进入公园,就可见到或直或斜、或宽或窄的各类峡谷,感受峡谷形成的过程。

图4-33　猫儿山

泰宁地质公园内丹霞洞穴数量之多、洞穴群的规模之大、洞穴造型和组合之奇特、洞穴的可观赏性之罕见,堪称"丹霞洞穴博物馆"。洞穴大者可容千人,小者不足寸余。

2005年2月,被联合国教科文组织批准为第二批世界地质公园。

主要景点

猫儿山

猫儿山(图4-33)因山石似猫而得名,其又名罗汉山、三剑峰。三剑峰和悬索桥是金湖的标志,地处金湖中心。猫儿山之趣,可见三剑峰刺入云霄,金猫山踞天窥世,仙女峰举目望夫,一山三态,不愧为丹霞地貌之杰作。

状元岩

状元岩(图4-34)为南宋状元邹应龙少年时隐居读书处。这一带的山水,丹崖悬岩,茂林奇树,幽峡奇洞,飞瀑流泉,风景险绝优美,还有众多的珍禽异兽。从人文景观来看,状元岩的山山水水打上了儒家文化深深的印记，崖晒经文、峰架文笔、山势龙虎、状元及第吸引了历代莘莘学子登临凭吊，求取聪慧灵气，被后人视为教育子弟努力求学的圣地。

九龙潭

因有九条蜿蜒如龙的山涧溪水注入潭中，故名九龙潭（图4-35）。潭内丹霞突兀，峭壁林立，蝉噪空谷，十分清幽宁静，恍若置身世外；水在这片丹霞里低回百啭，一弯一景，一程一貌，获得了另外的灵动与美，形成中国最长的水上丹霞一线天。漂游其间，清、静、奇、野等元素完美无缺的融合，亲山、亲水、亲氧、亲心情，天地间有种亲密的情致乐在其间。

寨下大峡谷

穿越寨下，翠谷奇洞，地学画廊，在地球悠久的时空中领悟生命与大自然的交响，解读"丹霞洞穴博物馆"和"峡谷大观园"上亿年沧海桑田的变演，只需浮云半日，即能速读泰宁世界地质公园这部巨书。这里是山谷的集中营，万谷归一成寨下，有平坦如街的峡谷，有幽深如巷的巷谷，有壁立一线的线谷。这里又是植物的王国，斑斓的丹崖攀藤附树，修竹成林"森呼吸"，原生态滋润着这个世外的天然地质博物馆，有人云，黄山归来不看山，寨下归来不看谷（图4-36）。

图4-34　状元岩

图4-35　九龙潭

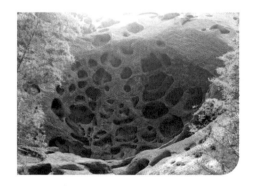

图4-36　寨下大峡谷

内蒙古克什克腾地质公园

概况

内蒙古克什克腾地质公园位于内蒙古赤峰市克什克腾旗，是由第四纪冰川遗迹、花岗岩地貌、高原湖泊、河流、火山地貌、沙地、草原、温泉及高原湿地等景观组成的大型综合地质公园，公园总面积1 750km²，由阿斯哈图、平顶山、西拉木伦、青山、黄岗梁、热水、达里诺尔、浑善达克和乌兰布统9个园区组成。

公园内自然风光独特,生态类型多样,民族风情浓郁。世界上独一无二的"内蒙古石林",中国东部规模最大、发育最全、保存最完整的第四纪冰川地貌,神奇罕见的大型岩臼群,逶迤千里的西拉木伦河,烟波浩森的达里湖,珍奇稀有的沙地云杉,辽阔坦荡的贡格尔草原与闻名遐迩的史前文化遗存、底蕴深厚的蒙古族文化交相辉映,共同塑造了"塞北金三角"——美丽的克什克腾。克什克腾世界地质公园是探索自然奥秘的乐园,是学习地学知识的天然课堂。

2005年2月,被联合国教科文组织批准为第二批世界地质公园。

主要景点

阿斯哈图园区

"阿斯哈图"(图3-37)是蒙古语,意思是险峻的岩石。它位于克什克腾世界地质公园北部,包括4个景区,面积25.78km²。在海拔约1 700m的北大山绵延的山脊上分布着世界罕见的花岗岩地貌——阿斯哈图石林。石林千姿百态,峥嵘险峻,气势磅礴,如城、如人、如兽、如塔,其发育充分的水平节理犹如堆叠起来的"天书",记载着石林的沧桑。园区内旅游服务设施完善,有专门的服务中心和游客集散中心。该园区不仅是花岗岩地貌的天然博物馆,也是理想的地质科普教育基地和旅游观光胜地。

图3-37 阿斯哈图园区

阿斯哈图花岗岩石林地貌有两个主要的特点,其一是花岗岩的层状性。出露的花岗岩呈非常好的似层状,十分类似于沉积岩层;其二是花岗岩的分布特征,这类花岗岩石林主要分布在北大山的山脊上。

花岗岩石林的发育过程与该地区的地貌演化密切相关,大致经历了三个阶段。

侵入—出露阶段。阿斯哈图花岗岩的侵入时代为晚侏罗世,距今约1.5亿年。在经历了大兴安岭的多次隆升和夷平之后,花岗岩出露于二级夷平面上。

冰川作用—石林雏形阶段。第四纪时期,北大山地区广泛发育山谷冰川。冰川对花岗岩的刨蚀和拔蚀作用,对原有地貌进行了强烈地改造,形成了冰斗、冰蚀洼地、刃鳍和角峰等冰川地貌。冰川在流动过程中,由于自身巨大的重量而对花岗岩产生了平行于地面的剪切力,从而导致了花岗岩中近于水平节理的发育。凡现今发育石林的位置,无一例外地都位于脊峰处,也正是冰川形成刃鳍或角峰的位置。这构成了花岗岩石林的雏形。

风化作用—石林成形阶段。形成于峰脊处的花岗岩石林雏形,在物理风化、化学作用和寒冻风化作用下,各种裂隙沿十分发育的节理逐渐扩大,并在重力作用下逐渐分解、崩塌,形成棱角分明的单个石墙、石柱等。强烈的风蚀作用使棱角分明的石林不断圆滑,整体呈浑圆状。由于迎风面所受到的风蚀远强于背风面,所以石林大多具有一面凹一面凸的特点。继续的风化作用可使得花岗岩石林进一步崩塌或倒塌,石林逐步变矮,并最终消亡。

青山园区

青山园区(图4-38)位于克什克腾地质公园东部,包括关东车景区和青山景区,面积37.13km²。形成于1亿多年前的花岗岩在风蚀、重力等外力的长期作用下形成了关东车景区内形态各异的峰林地貌,如苍鹰、似巨龙,惟妙惟肖,神采奕奕。而在青山景区面积约1 000m²平缓起伏的花岗岩石面上,分布着200多个呈椭圆形、圆形或不规则半圆形的岩臼,被称作"九缸十八锅"。它们形状如臼如缸、如碗如匙、如鼓如盘、如杯如桶,全面展现了岩臼的不同发育阶段,是至今为止世界上规模最大、保存最好、类型最全的岩臼群。

图4-38　青山园区花岗岩风蚀地貌

花岗岩岩臼(图4-39)的形成与岩石特性以及该区的自然环境密切相关。形成于地下深处的花岗岩暴露地表后,诸如长石、云母等不稳定矿物极易风化,在花岗岩表面形成晶洞状的小孔。由于该区日温差、年温差都较大,寒冻风化作用、冻融作用、冰劈作用等各种物理风化作用异常强烈,化学风化作用也很强烈。最初在岩石表面形成的小孔,由于上述作用而不断扩大。凹坑内水的作用和风的作用,对岩臼的发育和形成有重要的影响。凹坑底部的风化物不断被风搬运走,久而久之,使得凹坑不断加深加大,形成口大底深的岩臼。

图4-39　岩臼

达里诺尔园区

达里诺尔园区面积645.45km²。园区内达里湖(图4-40)是内蒙古第二大内陆湖,有"中国的天鹅湖"之称;湖泊南端的耗来河(图4-41)被誉为"世界上最窄的河流"。达里诺尔火山群位于达里湖西北侧,分布各类火山口120多个,是东北九大火山群之一。这里有宽广辽阔的熔岩台地,突兀的火山口(图4-42),保存完好的火山喷气碟,大小不一的火山弹,加之形态奇特的曼陀山花岗岩地貌,一望无际的贡格尔草原,砧子山岩画和金长城遗址,形成了集湖泊、河流、沙地、草原、疏林景观于一体的综合园区。

图4-40　达里湖

图4-41　耗来河

图4-42　马蹄形火山口

四川宜宾兴文石海地质公园

概况

四川宜宾兴文石海地质公园地处四川盆地南部与云贵高原过渡带。公园内石灰岩广泛分布,特殊的地理位置、地质构造环境和气候环境条件形成了兴文式岩溶地貌,是国内最早的天坑研究和命名地,也是研究西南地区岩溶地貌的典型地区之一。公园内保存了距今约2.5亿~4.9亿年各时代的碳酸盐或含碳酸盐地层,地层中含有极其丰富的海相古生物化石和沉积相标志。

公园内各类地质遗迹丰富,自然景观多样、优美,历史文化底蕴丰厚。洞穴纵横交错,天坑星罗棋布,石林形态多姿,峡谷雄伟壮观,瀑布灵秀飘逸,湖泊碧波荡漾。各类地质遗迹与独特的僰族历史文化和丰富多彩的苗族文化共同构成了一幅完美的自然山水画卷。公园由4个园区组成,分别为小岩湾园区、僰王山园区、泰安石林园区和凌霄城园区,总面积约156km²。

2005年2月,被联合国教科文组织批准为第二批世界地质公园。

主要景点

僰王山

僰王山(图4-43)又名南寿山,昔名石头大寨、纶缚大囤,在晏阳镇西北约5km,平均海拔高度为838m,总面积18km²。僰王山的主体是由距今约4.2亿年前形成于浅海环境的志留纪灰岩组成。楠竹遍布僰王山,山间多溪流,洞穴、瀑布比比皆是,环境优雅,景色诱人。相传是古代僰王占据的地盘,故名僰王山。

图4-43　僰王山

泰安石林

受水动力强弱和地貌的影响,石灰岩被溶蚀并形成形态各异的石林(图4-44)。石灰岩成层发育,由于灰黑色碎屑物质在层内不规则地穿插,岩石表面风化后呈现"豹皮"状。石林表面冲蚀溶沟槽十分发育,顶部呈锋刃状,为水流冲蚀所致。怪石林立,高低不同,俨然一座石城迷宫。

图4-44　泰安石林

天狮洞

天狮洞(图4-45)原名猪槽井,洞口是竖井,全长8 400m,有13个天窗,7个大厅。洞内化学沉积物十分丰富,景致颇为壮观。洞内既有暗河,又有长约100m的石膏花长廊,色泽洁白,形态完美,还有一处边石坝,俗称洞中梯田,面积近万平方米,每处小池均存有水,透明清澈。边石坝的规模国内罕见,堪称"洞穴一绝"。

图4-45　天狮洞

婚纱瀑

岩性的差异致使水流对河床的侵蚀强弱不同,因此河床变得起伏不平,出现缓、陡坡交替出现的阶梯。在较陡的河床上水流急,下蚀能力强,逐渐形成直立的陡壁,河水从上倾泻而下,形成瀑布。这是飞雾谷的第一道瀑布景观,因瀑布洁白如雪,形似新娘婚纱而得名(图4-46)。

图4-46　婚纱瀑

山东泰山地质公园

概况

泰山位于华北大平原东侧的山东省中部,拔起于山东丘陵之上,有如鹤立鸡群,十分雄伟。主峰玉皇顶海拔1 545m,方位东经117.6°,北纬36.16°。泰山南高北低,南麓始自泰安城,北麓止于济南市,相距约60km。泰山交通方便,京沪铁路从西侧通过,北连泉城济南,南距历史文化名城曲阜70km。泰肥、泰新、泰宁、泰济等铁路、公路交汇于泰山之南泰安市。

泰山地质公园面积158.6km²,地处我国东部大陆边缘构造活动带的西部,位于华北地台鲁西地块鲁中隆断区内,是华北地台的一个次级构造单元。泰山拥有丰富的地质遗迹资源,对于岩石学、地层学与古生物学、沉积学、构造学、地貌学以及地球历史等地质科学具有重要的科学研究价值。泰山岩群是华北地区最古老的地层,记录了自太古代以来近30亿年漫长而复杂的演化历史。

2006年9月,被联合国教科文组织批准为世界地质公园。

主要景区

彩石溪景区

彩石溪景区（图4-47）位于泰山西麓,辖桃花峪、桃花源两个景区,面积11.73km²,森林覆盖率达85%以上,素有"泰山森林博物馆"、"泰山小江南"之美誉,是泰山休闲观光胜地。沿徒步游路,曲径通幽,乱石铺阶,浑然天成;随处憩息,石凳石桌,野趣盎然;亲水戏水,舒适惬意,别有洞天。

图4-47　彩石溪景区

天烛峰景区

从泰山天烛峰景区（图4-48）到山顶的后石坞景区,是泰山最原始和古朴的登山路线,也是自然景观最集中、最优美的一条路线。这里山峰险峻,山谷幽深,奇松怪石遍布,山泉、溪流、瀑布随处可见,除了登山盘道外,很少有人工开凿的痕迹,以前人迹罕至,充满了自然的原生野趣,优美的自然风光可与黄山、张家界媲美,所以人们称之为泰山的奥区。

图4-48　天烛峰景区

唐摩崖

唐摩崖（图4-49）,刻于唐开元十四年（公元726年）九月,为唐玄宗李隆基封禅泰山后所制。铭文刻于岱顶大观峰崖壁上。摩崖高1 320cm,宽530cm。现存铭文1 008字（包括标题"纪泰山铭"和"御制御书"）,字径25cm,隶书。额高395cm,题"纪泰山铭",2行4字,字径56cm,隶书。铭文为玄宗李隆基撰书,相传由"燕许"修其辞,韩史润其笔。形制壮观,文辞雅驯,为汉以来碑碣之最。其书法遒劲婉润,端严浑厚,为隶书造成一种新面目,透露出一片太平盛世的景象。

图4-49　唐摩崖

河南王屋山—黛眉山地质公园

概况

中国王屋山—黛眉山世界地质公园,位于河南省济源市西部和洛阳市新安县北部,面积约567km²,分为王屋山、小浪底两个园区,包括天坛山、小浪底、五龙口、黄河三峡、小沟背5个景区,是一座以典型地质剖面、地质地貌景观为主,以古生物化石、水体景观和地质工程景观为辅,以生态和人文相互辉映为特色的综合型地质公园。

王屋山—黛眉山地质公园拥有一系列具有特殊科学意义、稀有性和美学价值的典型地质遗迹:分布其间的太古字林山群、古元古界银鱼沟群、长城系西阳河群、蓟县系汝阳群地层和嵩阳运动、中条运动、王屋山运动、晋宁运动遗迹,系统地反映了古大陆增生、拼接和裂解的全过程,具有世界对比意义;出露齐全的太古字、元古字、古生界、中生界和新生界层序和保存完好的自嵩阳运动以来的八次造陆、造山运动遗迹,详细地记录了距今25亿年以来华北地区地壳的海陆变迁过程。

2006年9月,被联合国教科文组织评选为世界地质公园。

主要景点

天坛山

天坛山园区位于公园北部的王屋山主峰地带,面积257km²,分为天坛山和小沟背两个景区。大致以封门口断层为界与中部低山丘陵区分开。主峰天坛峰,海拔高度1 715m。天坛山景区是以反映华北陆块早期演化历史的地质遗迹景观为主,以地质地貌景观为辅,以生态和人文相互辉映的综合型地质公园园区。天坛山的构造剖面,东阳河的古火山岩,小沟背的标准地层剖面,共同构建了一部博大精深的地质史书,一座天然的地质博物馆。

图4-50 龙潭大峡谷

龙潭大峡谷

龙潭大峡谷(图4-50)是洛阳黛眉山的核心景区,是一条以典型的红岩嶂谷群地质地貌景观为主的峡谷景区。谷内关峡相望,潭瀑联珠,壁立万仞,峡秀谷幽,经过12亿年的地质沉积和260万年的水流切割旋蚀所形成的高峡瓮谷、山崩地裂奇观,堪称世界一绝,人间少有。龙潭大峡谷享有"中国嶂谷第一峡"、"古海洋天然博物馆"、"神州奇峡"和"黄河山水画廊"等美名。

龙潭大峡谷号称"古海洋天然博物馆",在这里可以看到上百种不同形状的波痕,这是海浪冲刷留下的痕迹。这块波纹巨石(图4-51)如一块天然的搓衣板,静静地躺在峡谷的山凹

图4-51 波纹巨石

中,它可以毫不客气地称为世界上最大的搓板。它色泽鲜艳,纹理优美,再加上有翠绿的植被点缀,组成一幅充满诗情画意的图画。

小沟背风景区

小沟背景区(图4-52),位于济源市西北部晋豫交界的邵原镇境内,处于太行山南端和中条山东端交汇点,属典型的火山岩构造为主的自然风景区。小沟背风景区为中山地貌,处于华北地区唯一遗存的原始森林腹地,由银河谷地、鳌背山、待落岭三部分构成,总面积50km²,

图4-52　小沟背景区

自然景观奇特,文化内涵丰富,著名景观60多处,既是王屋山世界地质公园的精华所在,又被评为"中国女娲神话之乡"。

在王屋山由海变山过程中,小沟背形成了罕见的火山熔岩上覆盖海相沉积岩的地质奇观,满沟的五色石千姿百态点缀其间,大的如楼宇,小的似鸟卵,被形象地称为"彩石谷",清澈的溪流在墨绿色的火山基岩上奔腾跳跃,巨石相间,潭瀑相连,新修的悬空栈道因山就势,造型别致的各种小桥朴实典雅,构成一道亮丽的风景线。主要景点有堆石洞、七叠瀑、凤凰台、青龙瀑、龙槽凤池、银河峡、伏羲台、通天河、女娲庙、太极石、四象石、金蟾望月石等。万顷松海鳌背山,海拔1 929m,是整个景区的最高点,雄踞群峰之冠,顶部为沉积砂岩,远望酷似一只无足神龟横空出世。待落岭海拔1 700m,顶部平整,俗称"四十五里跑马栈"。

雷琼地质公园

概况

雷琼地质公园位于琼州海峡两翼,由海南省海口园区、广东省湛江园区组成,总面积为405.88 km²。公园处于雷琼海峡南北两翼,在地质学上属于雷琼陆谷火山带。

雷琼地质公园在科学、生态、历史文化价值等方面拥有众多世界之最或罕见之处。从生态价值上看,海南为中国唯一的热带岛屿,火山群在玄武岩台地—火山锥体—火山口底内发育了大面积的热带季雨林、亚热带常绿阔叶林、稀树刺灌木草丛、石生灌木草丛、热带果林、刺灌林和古榕树群、万亩荔枝树群和多种珍稀植物,组成了热带火山生态群落,这在我国同类火山地质景观中最具有独特性。从历史文化价值看,万年前的火山活动为以后生命的繁衍提供了独特的地学背景,全部用气孔状玄武岩建筑的古村落,仍保存着原始风貌,这在国内罕见。从科学价值看,雷琼地区是我国新生代火山活动最频繁的地区之一,其火山数量之多、火山类型之齐全、保存之完整、火山喷发方式之多样、结壳熔岩形态之奇特,在国内外均属罕见。

雷琼地质公园内火山密集,共有101座火山。火山类型几乎涵盖了玄武质岩浆爆发与蒸汽岩浆爆发的所有类型：熔岩锥、碎屑锥（溅落锥、岩渣锥）、混合锥、玛珥火山（低平火口、凝灰岩环）。其数量之多，类型之多样，保存之完整，为我国第四纪火山带之首。它是一部第四纪玄武岩火山学的天然巨著。

2006年9月，被联合国教科文组织评选为世界地质公园。

主要景点

湛江园区和海口园区均发育由炽热岩浆和冷水相互作用的蒸汽岩浆爆发形成的玛珥火山。湖光岩玛珥湖是中国玛珥湖研究的起始地，是中德科学家合作研究的基地。

远古的琼北火山爆发，在这里遗留下保存完整的火山群。火山群位于海口市秀英区石山镇，距市区约15km。由40座火山构成，总面积108km²。火山类型齐全、多样，几乎涵盖了玄武质火山喷发的各类火山，既有岩浆喷发而成的碎屑锥、熔岩锥、混合锥，又有岩浆与地下水相互作用形成的玛珥火山。火山地质景观极为丰富，熔岩流—结壳熔岩，如绳索状、扭曲状、珊瑚状，无不令人称奇，叹为观止。熔岩隧道有30多条，最长达2 000余米，其内部形态与景观丰富、奇妙，为国内外所罕见。

园区在火山锥、火山口及玄武岩台地上还发育了以热带雨林为代表的生态群落，植物有1 200多种，果园与火山景观融为一体，为热带城市火山生态的杰出代表。至今园区内保存有千百年来人们利用玄武岩所建的古村落、石屋、石塔和各种生产、生活器具，记载了人与石相伴的火山文化脉络，被称为中华火山文化之经典。主要景点有马鞍岭、双池岭、仙人洞、罗京盘等。

马鞍岭火山口

马鞍岭火山口又称火山口公园，它形似马鞍，是世界上最完整的死火山口之一。由南锥风炉岭火口、北锥包子岭火口及旁侧两个寄生小火山组成，它们犹如一对眼睛而称眼睛岭，被誉为火山圣婴。其四周分布着大小30多座拔地而起的孤山，都是火山爆发形成的火山口或火山堆，构成一个完美的全新世休眠火山家族。火山爆发时地下岩浆的运动给这里留下了纵横交错的地下溶洞群，有仙人洞、卧龙洞等。岭上还建有观海亭，可望见琼州海峡和火山口，并能饱览百里荔枝园美景。

罗京盘、双池岭

罗京盘、双池岭是深部炽热岩浆上升过程中遇到冷的地下水而相互作用发生蒸汽岩浆爆发的产物。罗京盘、双池岭为并列的两个孪生玛珥火山，属低平火口玛珥火山。罗京盘玛珥火山，内径达1 000m，放射状与环梯状，田园景色十分怡人。双池岭玛珥火山（图4-53）规模大，保存完整，弥足珍贵，火口垣为凝灰岩环。

图4-53　双池岭玛珥火山

徐闻三墩乌龟石

徐闻三墩乌龟石(图4-54)位于湖光岩园区内,徐闻三墩惟妙惟肖的乌龟石这一奇特的地质景观,反映了当时火山喷发时不同于雷州半岛其他地方的地质条件,它在雷琼火山地质遗迹中是独一无二的,很有科学研究价值。地质科技人员或研究人员需要根据乌龟石形成的特征来追踪火山爆发时所处的地质环境。

图4-54 徐闻三墩乌龟石

北京房山地质公园

概况

房山地质公园位于北京西南,巍巍太行与伟岸燕山交会处。这里物华天宝,人杰地灵,林木蔚歧,莽原万顷;峰峦秀峙,翠壑千重,自然环境极为优美。公园东西长130.80km,南北宽75.09km,总面积953.95km²,划分为8个园区。

目前公园植被覆盖率达67.28%,郁郁葱葱的林木把公园装点成一个绿色世界,由于生态环境良好,区内野生动物数量在逐年增加。褐马鸡、猕猴、大足鼠耳蝠等国家保护动物已在公园内安家落户,园区正向创建一个人与自然和谐相处的社会迈进。悠远的长城、古老的庙宇、深邃的嶂谷、壮观的峰丛、神奇的草甸、涌动的松涛、缥缈的云海、飞溅的流瀑,这一切构成公园极为壮观的景色。

房山地质公园不仅具有优越的地质条件,丰富多彩的地质遗迹,而且这里还是我国最早运用近代科学知识开展地质调查研究的地区,我国自己培养的第一代地质学家就是从包括公园在内的北京西山迈出了地质事业的第一步。正因为如此,北京西山被誉为"中国地质工作的摇篮"。

2006年9月,被联合国教科文组织评选为世界地质公园。

主要景点

房山地质公园共分为八大园区,分别是周口店北京人遗址科普区、石花洞溶洞群观光区、十渡岩溶峡谷综合旅游区、上方山云居寺宗教文化游览区、圣莲山观光体验区、百花山—白草畔生态旅游区、野三坡综合旅游区、白石山拒马源峰丛瀑布旅游区。公园集山、水、林、洞、寺、峰林、峡谷及古人类、古生物、北方岩溶地貌、地下岩溶洞穴、燕山内陆造山和丰厚的人文积淀于一体,是世界范围内一处具有重大科学意义的地质遗迹集中分布区。

周口店北京人遗址科普区

举世闻名的周口店北京人遗址（图4-55）是早期人类发祥地，1987年12月1日被联合国教科文组织列入《世界文化遗产名录》。目前这个遗址是亚洲大陆最大的史前人类遗存宝库。70万年前的北京人、10万年前的新洞人、1.8万年前的山顶洞人构成了一幅1万～70万年前人类文明画卷，清晰展示了人类进化的历程，在研究世界人类进化史中占有举足轻重的位置。

就科学价值而言，周口店出土文物的丰富性和珍贵性是无与伦比的，它是一座有关人类演化的科学信息和资源宝库，是我国古人类学、旧石器考古学和第四纪地质学的科研基地，同时也是世界范围内研究人类起源和演化的圣地。

图4-55　周口店遗址博物馆

石花洞溶洞群观光区

石花洞园区位于房山区河北镇与佛子庄乡境内，面积36.5km²。园区由石花洞、清风洞、银狐洞、唐人洞和孔水洞等组成，共有大小溶洞近百座，集中分布在房山大石河沿岸的奥陶纪（距今4.5亿～4.9亿年）灰岩中。石花洞是中国北方乃至全球温带半干旱半湿润地区大型岩溶洞穴的典型代表，洞中钟乳石（图4-56、图4-57）类型齐全、种类繁多，被誉为"地下地质奇观，溶洞博物馆"。银狐洞是园区内的又一奇观，有近800m长的水洞。清清的碧水，长长的洞廊，特别是洁白如雪、晶莹剔透、银白耀眼的"倒挂银狐"无与伦比，堪称"中华国宝"。

图4-56　钟乳石

图4-57　石花

十渡园区

十渡园区（图4-58）位于房山区十渡镇和张坊镇，总面积313.69km²，是华北地区最大、最典型的岩溶峰丛峡谷。壁立万仞的峰丛、造型奇特的溶洞、不同类型的沉积构造、变幻多姿的河流地貌构成园区丰富多彩的地质遗迹景观。水绕青山过，人在画中行，秀美的十渡被誉为"青山野渡，百里画廊"。

景区内有孤山寨、仙峰谷、万景仙沟、南方大峡

图4-58　十渡风光

谷、普渡山庄、平西抗日烈士陵园、仙栖洞、天池山、西湖港、五星峡谷10个景点；有拒马乐园、九渡漂流、八渡划船场、六渡划船场、清江九龙潭等娱乐点，可提供蹦极跳、悬崖跳伞、索道、攀岩、滑翔飞翼、漂流、脚踏船、皮划艇、冲浪车、摩托艇、沙滩浴场、游泳、骑马等多项娱乐项目。

云居寺

在悠悠历史岁月中，公园留下了众多的名寺古刹，其中最著名的当属云居寺。

云居寺位于公园东部，是我国北方著名的佛教圣地，始建于公元631年（唐贞观初年），至今已有1300多年的历史。

云居寺之所以成为佛教圣地不仅是因为历史悠久，更因为这里藏有数量惊人的石经。最早在云居寺进行石经刊刻的是静琬法师，始于公元616年（隋大业十二年）。继静琬法师刻经后，历经唐、辽、金、元至明末止，在长达1300年间，历代都有法师在此进行石经刻制，堪称世界文化史上的壮举。目前云居寺内藏有石刻佛教经籍1 122部3 572卷，石刻经版14 278石。

黑龙江镜泊湖地质公园

概况

镜泊湖距牡丹江市80km，是五千年前历经五次火山喷发，熔岩阻塞牡丹江古河道而形成的世界最大的火山熔岩堰塞湖，湖面海拔350m，湖长45km，水域面积约80km²。镜泊湖景区总体规划面积为1 726km²，由百里长湖景区、火山口原始森林景区、渤海国上京龙泉府遗址景区三部分组成。以湖光山色为主，兼有火山口地下原始森林、地下熔岩隧道等地质奇观，及唐代渤海国遗址为代表的历史人文景观，是可供科研、避暑、游览、观光、度假和文化交流活动的综合性景区。

镜泊湖以其天然无饰的独特风姿，竣奇秀美的神秘景观而闻名于世。它不但风光秀雅宜人，而且物产富饶。这里的森林资源十分丰富，植物生长期在150天左右，生长迅速。风景区内植被覆盖率在90%以上。主要树种有红松、落叶松、水曲柳、杜松、蒙古栎等，这里盛产人参、猴头蘑、木耳、细辛、天麻等名贵山珍。镜泊湖广袤的森林地带有野生动物40余种，包括梅花鹿、金钱豹、马鹿、黑熊、猞猁、狍子等，有鸳鸯、野鸡、野鸭、苍鹭等鸟类40余种。国家一类保护珍禽中国秋沙鸭每年也来镜泊湖歇息。在镜泊湖辽阔的水域盛产红尾鱼、鳌花鱼、大白鱼、湖鲫、鲤鱼等40多种鱼类。其中的镜泊湖鲫鱼，早在清朝时期就已成为宫廷贡品。

2006年9月，被联合国教科文组织评选为世界地质公园。

主要景点

镜泊湖具有浓厚的历史文化底蕴，古往今来，无数文人墨客的诗词题字数不胜数，构成了镜泊湖景区一道亮丽的风景。同时，镜泊湖独特的自然风光更好似大自然的鬼斧神工一般令人流连忘返。其主要景点包括吊水楼瀑布、火山口地下森林、毛公山、琉璃世界等。

吊水楼瀑布

镜泊湖的吊水楼瀑布(图4-59)名震中外,是国内流量最大的瀑布,汛期最大幅宽达300多米,每秒流量为4 000m³,从南西北三个方向以排山倒海之势从熔岩壁顶直灌黑龙潭,奔腾咆哮、气势磅礴、声如奔雷,可震十里之外。

图4-59 吊水楼瀑布

火山口地下森林

火山口地下森林(图4-60),位于黑龙江省宁安县镜泊湖西北的50km处。地下森林神奇壮阔,奇峰险峻,怪岩迷离,古树参天,12个火山口千姿百态,国内罕见。地下森林中蕴藏着丰富资源,长满曲松、紫椴、水曲柳、黄花松、鱼鳞松、落叶松、红松和黄菠萝等名贵木材。

图4-60 火山口地下森林

毛公山

毛公山,指景观形状酷似毛泽东主席遗容的山峰。第一座被命名为毛公山的是位于海南乐东的保国山,后来在全国许多地方也发现了酷似毛主席像的山峰,都被称之为毛公山。镜泊湖的毛公山,是1993年7月18日哈尔滨友谊宫总经理毕德昌同志来湖,在1号元首楼别墅平台上,扶栏远眺,欣赏镜泊湖(图4-61)的湖光山色时发现的。它鸿姿巨相,雄伟壮观,不仅在游人心中留下了深奥莫测的悬念,也为秀山丽水平添了一个千古不变的生命造型。

图4-61 镜泊峡谷

琉璃世界

琉璃世界,俗称佛像砬子,经考证,早在很多年前就被当时的居民当作是朝拜的圣地,现被中国佛教协会会长释一诚大和尚认定为"东方净琉璃世界",是药师琉璃光王七佛的天然道场,不仅在佛教界,而且在广大人民群众中,产生了轰动效应。

河南伏牛山地质公园

概况

河南伏牛山地质公园位于中国中央山系秦岭造山带东部的核心地段。在宝天曼国家地质公园、南阳恐龙蛋化石群国家级自然保护区、宝天曼国家森林公园和世界生物圈保护区、伏牛山国家地质公园和南阳独山玉国家矿山公园的基础上整合而成。

伏牛山地质公园园区内的地质遗迹极为丰富，类型多样，主要保护对象有恐龙蛋化石、恐龙骨骼化石、含蛋化石的典型地层剖面、秦岭造山带重要的断裂缝合带构造遗迹、构造地质块体界限断裂及相关的沉积建造遗迹、古秦岭洋有限扩张小洋盆洋壳蛇绿岩残片遗迹、火山熔岩岩枕群及气孔状流纹状岩石构造遗迹、岩溶洞穴、梯式瀑布群、湍急涧溪、峡谷及人工河道、构造断陷高山河源湖、山间断陷洼地、泉水、地下暗河、大型交错层理、蛇绿岩片层序剖面、多种地貌遗迹、沉积相特征标志、古气候特征标志、龟及其他脊椎动物化石、琥珀及微体化石、自然生态环境等。

2006年9月，被联合国教科文组织评选为世界地质公园。

主要景点

恐龙园

中国西峡恐龙园（图4-62）位于秦岭山脉东段、伏牛山南麓的河南省西峡县丹水镇，主要由地质科普广场、恐龙蛋化石博物馆、恐龙馆、恐龙蛋遗址、仿真恐龙园、嘉年华游乐园、龙都水上乐园和龙都宾馆组成，是一个集科普、观光、娱乐、休闲、科研于一体，将原始和现代紧密结合的大型恐龙主题公园。

图4-62 恐龙遗迹园

西峡恐龙遗迹属于白垩纪断陷盆地沉积，已发现的蛋化石归于8科11属15种。特别是西峡巨型长形蛋和戈壁棱柱形蛋，世界稀有罕见，是西峡蛋化石的标志。西峡出土的恐龙蛋化石数量之大、种类之多、分布之广、保存之好，堪称"世界之最"，被誉为继秦始皇陵兵马俑之后的"世界第九大奇迹"。西峡恐龙遗迹神秘的面纱随着恐龙骨骼化石的陆续发现被逐步揭开。

图4-63 龙潭沟瀑布群

龙潭沟风景区

龙潭沟风景区（图4-63）位于河南省伏牛山腹地的西峡县双龙镇，被誉为"中原一绝，人间仙景"。龙潭沟全长12km，自然落差近千米，两岸石壁陡峭，花岗岩体雄奇壮观，群瀑叠落飞下，潭深水幽，奇石遍布，整个山体如两条巨龙盘距，并有数条小龙飞舞，青龙潭、白龙潭、黄龙潭、双龙潭等景点分布均匀，千姿百态，目不暇接，游人无不流连忘返。风景区四周古树参天，三季有花，四季长青，南北动植物交汇，物种繁多，堪称纯自然美的处女地，生物资源丰富多样的"基因库"，是休闲、消暑、避暑、寻幽的理想场所，使人真正感受到返璞归真、回归自然的无穷乐趣。

老界岭生态旅游区

　　该游区地处恐龙之乡——河南省西峡县太平镇，位于伏牛山主峰，为国家级自然保护区。观赏面积120km²，有景区9个，景点260多个，是登高寻幽、避暑度假、科普考察的理想园地。境内群山叠翠、山川秀美、林海苍莽，四季景色异彩纷呈。春天万木峥嵘，百花竞开；夏日绿荫荡漾，流泉飞瀑；金秋满山红遍，飞叶流丹；寒冬银装素裹，玉树琼花；素有"休闲胜地、度假天堂"的美誉。伏牛山主峰犄（鸡）角尖，海拔2 212.5m，鹤立群山。海拔1 800m以上尖峰15处。锯齿峰（图4-64）、擎天峰，秀丽壮观；瀑布群、九珠峰，天下美景；还有迎宾石、刀劈岩和人迹罕至的原始森林，造化神奇，令人叹为观止。

图4-64　老界岭花岗岩地貌——锯齿峰

宝天曼园区

图4-65　宝天曼骆驼峰

　　该园区位于伏牛山脉的腹地、内乡县七里坪乡境内，面积187.5km²。在宝天曼山麓的白垩纪高丘盆地，红色地层中埋藏有大量保存完好的恐龙蛋化石和鸭嘴龙、秃顶龙及鸟脚类恐龙骨骼化石。宝天曼（图4-65）是北亚热带山地生态环境的标志地，宝天曼地区现已发现植物种类2 911种（包括变种），占中国植物种类总数的1/10、河南省植物种类总数的80%。其中，有国家级珍贵树种18种，属国家级重点保护的珍稀濒危植物31种，占河南省现有国家重点保护植物总数的94%，可称之为我国东部地区地质地貌单元、自然区系和生物物种的汇聚地。

江西龙虎山地质公园

概况

　　江西龙虎山世界地质公园位于江西省鹰潭市西南郊16km处，面积996.63km²，包括龙虎山、龟峰、象山等3个园区，是一处以丹霞地貌景观为主，兼有火山岩地貌、层型剖面、沉积构造、断裂构造、多级夷平面等地质遗迹，融自然生态和人文景观于一体，集科学研究价值和美学观赏价值于一身的综合性地质公园。公园内的丹霞地貌景观典型、奇特稀有，形成过程系统、完整，幼年期、壮年期和老年期丹霞地貌都有发育。保存有方山石寨、赤壁丹崖、峰林、峰丛、石梁、石墙、石柱、石峰、洞穴等丹霞地貌类型23种之多。

　　龙虎山地质公园的人文景观和历史文化遗迹极为丰富,文化底蕴深厚。2600多年前的古越族崖墓群堪称"中华之最",至今仍是个"千古之谜";1900多年前张道陵在此创立的正一派道教,与北方孔子的儒教可相媲美,素有"南张北孔"之说,对中国历史文化具有深刻的影响。

　　龙虎山风景名胜区规划面积262km²,现由七大景区、一个外围独立景点组成。其中,天造地设的丹崖碧水,源远流长的道教文化,千古难解的悬棺之谜,构成了龙虎山景观的"三绝"。而龙虎山的最大特色就是三者完美结合、融为一体,是中国山水和人文景观结合得最为完美的地方。

　　2008年1月,被联合国教科文组织评选为世界地质公园。

主要景点

龙虎山园区

　　"中国道都"龙虎山(图4-66)位于江西省鹰潭市南郊16km处,自古以"神仙都所"、"人间福地"而闻名天下,是我国道教的发源地和历史悠久的道教名山。道教以修炼成仙为最高境界,而龙虎山神奇灵秀的丹山碧水远离尘嚣,刚柔相济,阴阳平衡,"接天地无涯之真气,摄宇宙虚空之阳精",是修炼的理想之地。第一代天师张道陵,遍访名山大川,最后选择了龙虎山肇基炼丹,最终"丹成龙虎山"。

　　历史上许多文人墨客,如顾况、王安石、曾巩、文天祥、徐霞客、陈旅等,都曾在泸溪河畔留下赞美丹崖碧水的诗文,成为龙虎山宝贵的文化遗存。

图4-66　龙虎山

龟峰园区

　　龟峰(图4-67)地处江西省上饶市弋阳县境内,西倚龙虎,东临三清,北望婺源,南靠武夷,雄踞于赣鄱大地之上。因其"无山不龟,无石不龟",且整个景区就像一只硕大无朋的昂首巨龟而得其名。龟峰素有"江上龟峰天下稀"之美誉。2010年8月2日,第34届世界遗产大会将江西龟峰和龙虎山一并列入《世界自然遗产名录》,成为江西省集世界自然遗产和世界地质公园于一身的"双冠"景区。

　　龙虎山地质公园的美妙在其山水。由红色砂砾岩构成的龙虎山有99峰、24岩、108处自

图4-67　龟峰

然及人文景观,奇峰秀出,千姿百态。有的像雄狮回头,有的似文豪沉思,有的如巨象汲水(图4-68)……还有被当地人俗称为"十不得"的景致,更可让人想象到其景之妙。如:"云锦披不得"、"蘑菇采不得"、"玉梳梳不得"、"丹勺盛不得"、"仙女献花配不得"、"尼姑背和尚走不得"等。这些既逼真又"不得"的景观中,都隐含着各自奇妙的传说,听来活灵活现、回味无穷。龙虎山中的泸溪河发源于崇山峻岭之中,似一条逶迤的玉带,把龙虎山的奇峰、怪石、茂林、修竹串联在其两岸。河水碧绿似染,楚楚动人。时千流击崖,水缓时款款而行,水浅处游鱼可数,水深处碧不见底。与山岩相伴,便构成了"一条涧水琉璃合,万叠云山紫翠堆"的奇丽景象。

图4-68 象鼻山

由于地质作用使龟峰具有独特的景观,山上的景点好像出于雕刻名师的手一般惟妙惟肖。位于景区中心南面200余处,一座如劈似削的石柱拔地而立,高达77余米,峰顶有三块形似乌龟的巨石相重叠,故而得名"三叠龟峰"。在三叠龟峰东侧50m处有一座山峰,三面峭壁,一面陡坡,形若雄狮。从正面看,雄狮眈眈相向,气势雄伟;绕侧后眺望,则俨然一只席地而卧、回首吼叫的猛狮,故称狮子峰,又称回首狮。

四川自贡地质公园

概况

四川自贡地质公园位于四川省南部历史文化名城自贡市境内,有"千年盐都"、"恐龙之乡"、"南国灯城"之美誉。公园由大山铺恐龙化石群遗迹园区、荣县青龙山恐龙化石群遗迹园区和自贡盐业科技园区组成,总面积56.6km²。

自贡地质公园以闻名中外的中侏罗世恐龙化石群遗迹为主体。中侏罗世产出的恐龙化石数量丰富,种类众多,埋藏集中,保存完整,在世界上绝无仅有。这里产出了一大批世界级恐龙化石珍品,几乎涵盖了侏罗纪时期所有陆生脊椎动物门类。公园内建成的中国首座集恐龙化石原地保护、标本展示和科学研究于一体的大型综合博物馆,为科学知识普及、游览观光和科学研究提供了绝佳的条件。

近两千年的井盐生产历史铸就了辉煌的盐业文化。这里是世界上第一口超千米深井的诞生地,是凿井、制盐10项世界领先技术的发明地。"自贡井盐深钻汲制技艺"入选2006年中国非物质文化遗产名录。自贡市盐业历史博物馆完整地展现了井盐生产、发展的历史画卷。

公园内保存有众多绚丽多彩的人文景观和历史遗迹。古建筑类型众多,保存完好,多处被列为全国重点文物保护单位。展现800年彩灯历史的自贡彩灯博物馆荟萃了中国灯文化的精髓。

2008年1月,被联合国教科文组织评选为世界地质公园。

主要景区

大山铺恐龙化石群遗迹园区

图4-69　恐龙博物馆

自贡大山铺恐龙化石群是1.6亿年前的中侏罗世恐龙及其他脊椎动物化石的遗址。自贡恐龙博物馆（图4-69）的陈列是以大山铺恐龙化石埋藏现场及出土的恐龙化石为主，遗迹壮观。馆内的化石埋藏厅是目前世界上可供观赏的最大规模的化石埋藏现场，化石富集程度为世界之最。同时，在遗址上还保留着一条较完整的地质剖面，更有其特殊的地质意义。

博物馆藏量巨大、种类丰富。馆藏恐龙及鱼类、两栖类、龟鳖类、蛇颈龙类、鳄类等个体200多具。其中恐龙种类包括原蜥脚类、蜥脚类、兽脚类、鸟脚类和剑龙类等，数量占四川总数的1/2，占全国总数的1/6，是名副其实的全国第一大恐龙冢穴，在国际上与之齐名的仅有美国犹他州国立恐龙纪念馆和加拿大阿尔伯塔省立恐龙公园。

这里的化石不是一个种类单一或单调的脊椎动物化石群，而是一个从鱼类、两栖类、爬行类到哺乳类的至少由5个纲、11个目、16个科、40余个属种组成的门类齐全的脊椎动物群组合。目前，共有古脊椎动物36属47种，其中恐龙21属26种，几乎囊括了侏罗纪早、中、晚期的所有恐龙类别。

自贡盐业科技园区

自贡丰富的盐矿资源成矿在与恐龙同时代的侏罗纪（一亿多年前）。两千多年来，在这片土地上开采出万余口盐井、燊海井、吉成井等盐矿、气矿，是自贡非常重要的地质遗迹资源，两千多年前的盐业开发，创造了众多举世瞩目的科技成就，形成并保留了一批完整而珍贵的凿井、采卤和制盐工具等遗址和遗迹。

自贡市盐业历史博物馆（图4-70）建于1959年，主要收藏、研究、陈列中国盐业历史文物和资料，是中国最早建立的自然科技史博物馆之一。它完整地展现了井盐生产、发展的历史画卷，对千年盐都的内涵作出了最完美的诠释。馆藏的钻井、治井工具结构巧妙，制作精湛，这里有中国唯一保留的古代顿钻工具。在这里，人们可以详尽地了解到钻井、采卤、天然气开采、制盐等过程和技

图4-70　盐业博物馆

艺,体会和感受中华民族超凡的创造力。

图4-71　桫椤谷

金花桫椤自然保护区

荣县金花桫椤自然保护区（图4-71），在长4 000m、宽100m的地域内,成片分布着3 300多株国家一级保护的珍稀植物——被称为"植物活化石"的古老孑遗植物树蕨。保护区里的大面积桫椤,是与恐龙同时代的植物,十分珍贵。

内蒙古阿拉善沙漠地质公园

概况

阿拉善沙漠地质公园位于内蒙古自治区最西部的阿拉善盟境内,其特殊的地理位置、地质构造、生态环境和气候条件形成了以沙漠、戈壁为主的地质景观,全面反映了我国西北地区风力地质作用形成的各种典型的地质遗迹,是目前中国、也是世界上唯一系统而完整展示风力地质作用过程和以沙漠地质遗迹为主体的世界地质公园。

阿拉善沙漠地质公园是以沙漠地质遗迹为主体,融自然景观、人文景观为一体的综合性国家地质公园。公园规划面积630.37km²,是我国目前唯一的沙漠国家地质公园。公园内地质遗迹类型多样,具有完整性、典型性、唯一性的特点和极高的美学与科学研究价值。

2009年8月,被联合国教科文组织评选为世界地质公园。

主要景区

阿拉善沙漠地质公园由巴丹吉林、腾格里、居延3个园区10个景区组成。

巴丹吉林园区

巴丹吉林园区位于阿拉善右旗境内,由巴丹吉林沙漠景区、曼德拉山岩画景区、额日布盖峡谷景区和海森楚鲁风蚀地貌景区组成,面积410.67km²。巴丹吉林沙漠（图4-72）有世界上高大的沙山和分布面积最广的鸣沙,具有"鸣沙王国"的美誉。沙漠中已探明的湖泊有144个,俗称"沙漠千湖"。在众多湖泊中印德日图泉最为神奇,不足3m²的暗礁

图4-72　巴丹吉林沙漠

上有108个泉眼,被誉为"神泉"。海森楚鲁风蚀地貌景区(图4-73)是研究风力作用的典型地区。曼德拉山岩画堪称我国西北古代艺术的画廊。阿拉善沙漠地质公园博物馆是中国第一座建于沙漠之上,系统展示风力地质作用和干旱区生态和文明的地质公园博物馆,它依偎在巴丹吉林沙漠的南缘。巴丹吉林园区以奇特的沙漠景观、典型的风蚀地貌为特色,是开展沙漠探险、科学考察及科普教育的理想基地。

图4-73 海森楚鲁风蚀地貌

腾格里园区

腾格里园区包括月亮湖(图4-74)、通湖和敖伦布拉格峡谷景区,根据各个景区的不同特点可以开展不同的活动。月亮湖,蒙古语"腾格里达来",即"天上的海洋"的意思。它位于腾格里沙漠腹地,景区面积72.51km²。月亮湖是腾格里沙漠400余个沙湖中一个秀丽的沙漠湖泊。东望其状如新月,西瞰似中国版图。在月亮湖边,向四周眺望,可以欣赏各种类型的沙丘形态和优美的沙脊线。湖水凝碧,苇丛含烟,各种鱼类遨游浅底,珍禽异鸟翩然湖上。

图4-74 月亮湖

通湖景区位于阿拉善左旗腾格里沙漠东南部,四面沙丘环抱,内部湿地富饶,湖畔绿草茵茵,牛羊成群和白色蒙古包群、五彩野营帐篷与浓郁的民族风情融为一体,景色怡人,如诗如画。

敖伦布拉格峡谷是以流水作用兼有风蚀作用形成的峡谷地貌。景区内发育十大峡谷,总体由西向东展布。峡谷蜿蜒曲折,

图4-75 胡杨林

两壁陡峭,风蚀龛和各种风蚀地貌形态各异,如人似画,栩栩如生。骆驼瀑飞流直下,砂岩石柱挺拔矗立,雄伟壮观,是研究我国干旱区丹霞地貌成因和演化的典型地区。

居延园区

居延园区由胡杨林(图4-75)、居延海、黑城文化遗存3个景区组成,规划面积141.83km²,占公园总面积的20.74%。额济纳胡杨林是世界上现仅有的三大原始胡杨林之一,现有面积

293km²，仅次于新疆，居全国第二。胡杨又名胡桐树，是世界上最古老的杨树品种，被誉为"活着的化石树"。

居延海景区位于额济纳旗达来呼布镇北38km，保有水域面积35.4km²。景区内包括烟波浩淼的居延海、茫茫无垠的荒漠戈壁、戈壁与沙漠的过渡带，以其独特的景观吸引着人们在沙漠中寻找奇迹，渴望真切体验"柳暗花明又一村"的感觉。

黑城文化遗存景区位于额济纳旗东南部，距达来呼布镇约25km，包括黑城、怪树林、红城、绿城、大同城和甲渠侯官遗址等景点。它向世人展现了不同时期额济纳的人文历史，漫步走进黑城遗存景区，将会让我们缓缓揭起古代额济纳神秘的面纱。

陕西秦岭终南山地质公园

概况

秦岭终南山地质公园位于秦岭中段，距离西安市仅25km。公园面积1 074.85km²，主要地质遗迹分布面积为890km²。秦岭是地质科学研究的天然实验室和旅游观光的博览馆。秦岭科学内涵深厚，典型遗迹众多，地质演化历史悠长，构造强烈复杂，地层岩石发育齐全，岩浆活动频繁，变质类型多样，矿产资源丰富，属世界典型代表性大陆造山带，具有当代地学发展的丰富前沿信息。它是中国南北大陆板块碰撞拼合科学遗迹保存最好的地带之一，并且秦岭北麓大断裂是典型的造山带和裂谷盆地交接区域。中国秦岭终南山世界地质公园是秦岭造山带科学内涵和地表景观风光的典型集中代表。

2009年8月，被联合国教科文组织评选为世界地质公园。

主要景区

秦岭终南山世界地质公园分为翠华山山崩地貌与佛教文化园区、南太白第四纪冰川园区、冰晶顶构造混合岩园区、玉山花岗岩峰岭地貌园区、骊山地垒构造园区五大核心园区。

翠华山园区

翠华山山崩地貌（图4-76）与佛教文化园区是秦岭终南山地质公园的主导园区。在其中之一的翠华山山崩景区，不仅可以看到世界少见、中华唯一的山崩奇观，还有风光绮丽的堰塞湖和隋代佛塔的神韵与风采，兼可宗教朝觐、信众进香。而在南五台景区，最大的特色，莫过于其博大精深的佛教文化。

图4-76　翠华山山崩遗迹

南太白园区

南太白第四纪冰川园区分为南太白古冰川景区和楼观景区。在南太白古冰川景区，以观赏优雅的河流景观、冰川遗迹、秦岭五国宝（大熊猫、朱鹮、金丝猴、羚牛、褐马鸡）等为主要特色。而在楼观景区，还可观赏到2500年前道教起源以及道教信众朝觐，是地质遗迹、地质景观众多，范围最大的道教圣地核心景区。

冰晶顶园区

冰晶顶构造混合岩园区是融地质景观、流瀑景观和生态景观为一体的核心景区。它以构造混合岩地貌为主题，以秦岭中央造山带静脑峪为枢纽，以著名地质遗迹古冰川地质遗迹展示为主体，大家还可以在太平观瀑，朱雀赏树，这也是这个园区的主要特色。

玉山园区

玉山花岗岩峰岭地貌园区，这里包括公王岭蓝田玉山园区（图4-77）、辋川白云石大理岩溶洞景区和王顺山花岗岩峰岭地貌景区。蓝田玉山园区以著名的蓝田猿人化石著称于世，也是具有3000年开采历史的蓝田玉石的产地。王顺山景区有花岗岩山峰景观、峡谷景观、瀑布水景等；辋川景区内以著名的辋川唐代人文遗址和世界唯一的水陆庵唐代壁塑闻名于世。

图4-77　玉山园区花岗岩峰岭地貌

骊山园

骊山地垒构造园区（图4-78），以断块地貌为主，兼有骊山山前大断裂和黄土台塬隐状断层地貌等地质景观，分为古近纪断层剖面景区和骊山山前断裂景区。景区紧邻被誉为"世界第八大奇迹"的兵马俑和著名游览胜地华清池。女娲炼石补天、烽火戏诸侯、唐玄宗和杨贵妃的凄美爱情，这些都是发生在骊山的传说和历史故事。

此外，独特的地质背景造就了中国东部最高的山峰与广阔富饶的渭水盆地。从距今约132.7万年前的旧石器时代，终南山脚下就有古人类在此繁衍生息，这里滋养出华夏文明，是人类与自然和谐共处最有代表性的地

图4-78　骊山

带，是中国诗词文化与园林的发源地，是中华民族历史文化的缩影，园区有12处国家级重点文物保护单位，蓝田猿人、商於古道、子午栈道、周秦汉唐盛世园林宫阙、宗教祖庭寺庙、历史悠久的蓝田玉等是秦岭终南山世界地质公园人文资源的重要代表。

广西乐业－凤山地质公园

概况

广西乐业—凤山地质公园位于广西西北部云贵高原向广西盆地过渡的斜坡地带，由百色市乐业大石围天坑群国家地质公园和凤山岩溶国家地质公园组成，总面积930km²，公园拥有大小28个天坑。

公园的典型块状岩溶区内发育有两大地下河系统，形成了成熟的高峰丛地貌，公园内拥有全球最大的天坑群，最集中分布的洞穴大厅群、天窗群，最大跨度的天生桥，典型洞穴沉积物，最完整的早期大熊猫小种头骨化石，以及独特天坑生态环境保留的动植物多样性，具有重要的科学研究意义和极高的美学观赏价值。该园区内有各级珍稀濒危植物物种，其中兰科植物种类繁多，被誉为"中国兰花之乡"。特殊的地质背景为当地人民提供了良好的生存环境，多民族融合留下了独特的少数民族民俗文化，具有非常好的开展地质遗迹保护和发展旅游事业的条件。

2010年10月，被联合国教科文组织评选为世界地质公园。

主要景点

大石围天坑

站在大石围天坑（图4-79）的观景台上，远眺前方峭壁，上面清晰地显现着一幅倒着的中国地图，非常逼真，就连海南岛、台湾岛都非常清晰，整幅中国地图的总面积约9 600km²，堪称中国地图之最。大石围天坑东西走向长600多米，南北走向宽420m，垂直深度613m，像个巨大的火山口，四周似刀削的悬崖峭壁，异常险峻。大石围底部有人类从未涉足过的地下原始森林，面积约9.6万km²，是世界上最大的地下原始森林。

图4-79 大石围天坑

布柳河天生桥

布柳河天生桥(图4-80)位于乐业县布柳河岩溶峡谷末端,为乐业县与天峨县的分界点。仙人桥长约220m,桥高165m,桥宽19.3m,桥面厚度78m,拱高87m(包括水下20m),孔跨177m。

罗妹洞

洞内有两层洞,上层洞主要景观是次生化学沉积——石钟乳、石笋、石幔、石瀑、石盾、石坝、石梯田、穴珠,尤以莲花盆、穴珠、石梯田最具特色。最令人惊喜的是洞底遍布莲花盆296个,若连盆中盆一起可达600个,成为大盆套小盆,盆中有盆。最大的莲花盆(图4-81)直径达9.2m,堪称世界莲花盆王。莲花盆内外散布着大小不等的穴珠,熠熠生辉,犹如莲叶晨露,一派荷塘风光。加之石田阡陌纵横、延绵不断,梯田层层叠叠,风光旖旎,使人心旷神怡,如置身龙脊。

图4-80 布柳河仙人桥

图4-81 罗妹洞莲花盆

三门海地下河天窗群

三门海生态旅游区位于广西壮族自治区西北部的凤山县袍里乡坡心村,是世界喀斯特地貌典型的核心地带。天窗,是喀斯特旅游资源的新族,有极高的旅游观赏价值。三门海景区的天窗就有7个之多,是串珠式天窗群,并列排成北门七星状,在世界旅游资源中是绝无仅有的。三门海天窗群集山、水、洞、天为一体,蔚为壮观,神秘的地下河资源、奇妙壮丽的喀斯特湖、喀斯特泉、大型溶洞群、天坑群、天窗群、天生桥等喀斯特地貌的所有特征都集中体现于三门海景区内,构成了名副其实的喀斯特世界地质公园。

福建宁德地质公园

概况

宁德地质公园位于中国福建东北部的宁德市境内,坐落在太姥山脉和鹫峰山脉的群山之中。园区总面积2 660km²,核心区面积383km²。公园位于浙闽中生代火山断陷带中段闽东火山断拗带的东北端,北东向福安—南靖断裂带的北端。在漫长的地质演化历程中,经历了复杂的地质作用,尤其是晚侏罗世—早白垩世强烈的构造岩浆活动,形成了公园内广泛分布的英安质—流纹质火山岩、侵入岩以及以脆性断裂为主的多种多样断裂构造,并发育了丰富的既有科学研究价值又有旅游观赏价值的地质、地貌景观。

宁德地质公园集晚中生代花岗岩、火山岩地质遗迹,独具特色的山岳、峡谷、海洋地貌景观,丰富的河床侵蚀地貌,优美的水体景观,良好的生态环境和源远流长的人文景观于一体,是一处地质遗迹极具科学性、稀有性、观赏性的地质公园。

2010年10月,被联合国教科文组织评选为世界地质公园。

主要景区

公园以白水洋、白云山和太姥山3个景区为核心,地貌景观独特、地质遗迹多样,具有很高的地学科研、科普和旅游观赏价值。

图4-82 白水洋

白水洋景区

白水洋(图4-82)是鸳鸯溪五大景区中最具特色的天然景观,平坦的岩石河床一石而就,净无沙砾,登高俯瞰,其形状犹如一丘刚刚耙平的巨大农田,平展展地铺呈在崇山峻岭之中。三大浅水广场中,最大的达4万km²,最宽处182m,河床布水均匀,水深没踝。阳光下,洋面波光粼粼,一片白炽,故称之为白水洋。

白云山景区

白云山蟾溪龙亭峡谷长达10km以上的溪段间,分布着上千个奇形怪状的石臼。石臼,是古冰川作用的直接产物和重要遗迹,是古冰川融冰沿冰川裂隙自上而下以滴水穿石的方式冲蚀基岩产生的,由于其形状酷似我国古代用于舂米的石臼而得名。

白云山景区(图4-83、图4-84)的古冰川遗迹有以下三个特点:一是石臼数量繁多,在河谷随处可见,形成大规模的石臼群,个体大的高约60m,直径约30m,这在冰川石臼考察发现史上是绝无仅有的;二是石臼形态类型丰富,口小腹大,特征明显,大小石臼连环相套,有些石臼形态属于新发现,酷似龙

图4-83 天柱峰

图4-84 白云山瀑布岩

爪邱、交椅、漏斗、板壁等形状的石臼是古冰川运动存在的有力证据,由此可推断在距今大约200万～300万年前的第四纪早期,福安曾被冰川所覆盖;三是大量的"U"字形诋水玄槽、冰脊、冰川漂砾及冰川铲切等遗迹,我国南方地区均属首次发现。

太姥山景区

太姥山位于福建省东北部福鼎县境内,在县城以南45km。巍峨挺拔于东海之滨,三面临海,一面依山,气势雄伟,景色秀丽,融山、海、川、瀑、洞的自然景色和寺、寨、镇的人文景观于一体,以峰险、石怪、洞异、水玄、雾多驰名于世,与丹崖碧水的武夷山同属福建名山。古人称武夷山"东方奇秀",称太姥为"海上仙都"。太姥山不但峰峦峻秀,洞壑幽奇,还有秀丽的溪瀑,优美的港湾,壮阔的海域,精神文明人的岛屿,古人誉之为"山海大观"。加上历代建造的古寺佛塔,别具风情的畲寨风光,自然景观和人文景观多姿多彩。

安徽天柱山地质公园

概况

天柱山地质公园位于安徽省西南部的安庆市潜山县境内,西北襟连大别山,东南濒临长江,面积413.14 km²,因其主峰如擎天一柱而得名。2011年9月18日正式成为联合国教科文组织世界地质公园网络成员,荣膺"天柱山世界地质公园"称号。天柱山世界地质公园以全球范围内规模最大、剥露最深、出露最好、超高压矿物和岩石组合最为丰富的大别山超高压变质带经典地段享誉世界。天柱山山体外型混雄、骨立,有不同于其他名山的形态美,它的雄峰奇石、峡谷天梯等景观实际上就是一个地质遗迹。

天柱山形成于2.3亿年前,在距今约25亿年前,这里原来是一片汪洋大海,常常有火山剧烈喷发,生成数千米的沉积物,经过多次的剧烈的地壳运动,改造出了古老的大陆地体"淮阳古陆",18亿年前,强烈的地壳差异升降运动,又使其东南侧下沉成了沧海。到了约2.3亿年前,海水渐退,陆地出现。8000万年前,天柱山的东南又一次断陷下沉,形成潜山盆地。亚洲哺育类的发源地就在天柱山地区,人们在此还发现了距今7000万年的潜山安徽龟、东方晓鼠化石。天柱山称得上是一个潜在的世界级的地质博物馆。

主要景点

天柱山地质公园分为南北两区,北区为天柱山花岗岩地质园区,南区为超高压变质带科学考察区。

奇峰

天柱山国家地质公园花岗岩奇峰多为中生代燕山期的中细粒花岗岩组成,是受构造抬升和侵蚀作用形成的。有名称的、海拔1 000m以上的雄峰达45座。主要景点有：天柱峰、飞来峰、天池峰、蓬莱峰、花峰、三台峰、五指峰、青龙峰、迎真峰、飞虎峰、天蛙峰、莲花峰、麟角峰、翠华峰、天狮峰、少狮峰、覆盆峰、六月雪岭、玉镜峰等。

　　天柱峰（图4-85）海拔1 489.8m，全身石骨，拔地而起，雄峙江淮。花岗岩洞穴第一秘府——神秘谷，上下迂回，幽深莫测；九井瀑布，跌落成群，美仑美奂；全国第三大高山人工湖——炼丹湖如一块碧玉镶嵌在群峰之中；天柱松、探海松、虬龙松、五妹松等株株风姿绰约。明代大诗人李庚曾惊呼"天下有奇观，争似此山好。"

图4-85　天柱峰

　　天柱松（图4-86）位于天柱峰南，天池峰西侧悬崖上，天柱名松之首。树龄约1200年，高约6m，胸径18cm，枝下高1.7m，9盘桠枝多向崖外方向伸展，树形雄伟奇特，树杆挺拔，与天柱主峰相对，故称天柱松。根部海拔高度为1 400m，扎根岩石缝隙，立于绝壁，临风摇曳，具有历经风霜风雪，顶天立地，蓬勃向上，刚正不阿的精神品格和旺盛生命力，历来为中国文化坚韧不拔精神的象征。

图4-86　天柱松

　　飞来峰（图4-87）在龙吟虎啸崖的最西端，一峰独立入云，峰顶巨石如盖，浑身石骨，浅浅的水痕遍布全身，这就是天柱山第三高峰——飞来峰。它海拔1 424m，整座山峰为一整块巨石构成，顶有一石长约3丈有余，围长30余丈，高丈余，浑圆如盖压在顶峰，似从天外飞来，称飞来石，峰因石名，峰顶的飞来石，像一顶华冠端端正正地戴在峰顶。

怪石

　　公园内有名称的怪石近100处，是由中粒似斑状花岗岩由水平与垂直节理、差异风化、崩塌和流水等地质作用形成的特殊形态的地质景观。按其成因可分为4种类型：风化剥蚀型（鼓槌石、象鼻石、鹦哥石、蜒蚰石、帝座石

图4-87　飞来峰上飞来石

图4-88　皖公神像

图4-89　象鼻山

等);崩塌型(仙鼓石、鹊桥石、天蛙石、仙女晒鞋等);崩塌堆积型(无量寿塔石、船形石等);滚石型(霹雳石、仙桃石、木鱼石等)(图4-88、图4-89)。

瀑潭

天柱山独特的山水格局,使其水文地质遗迹丰富多彩。其瀑布多沿断层崖或节理面在水流冲蚀作用下而成,如飘云瀑,天柱山最高的瀑布,海拔1 100m,还有激水瀑、雪崖瀑、黑虎瀑、飞龙瀑等。碧潭多为花岗岩沟谷内流水冲蚀或淘蚀形成大小不一的椭圆状、葫芦状、掌状等深水潭,如九井河瀑布群下的九井。

世界级化石产地

天柱山东南面为古生代及中生代地层组成的长条带状低山,盆地内部发育一套红色碎屑岩建造。这里是我国重要的古新世脊椎动物化石产地之一。先后在潜山境内查明古生物化石点50多处,采集哺乳动物和爬行动物化石标本50多个种属。

石刻文化

"无山不石刻,有刻皆名山。"自古以来天柱山就以其特有的魅力吸引着骚客文人、达官显宦纷至沓来。从石牛古洞到马祖庵,从虎头崖到天柱之巅,从九井河畔到南天门,到处都是古圣先贤们的题刻,而这其中石牛古洞内的山谷流泉摩崖石刻,以其数量之多、密度之大、品位之高、年代之久而列各景区石刻之冠,被国务院列为国家重点文物保护单位。在这片不到300m长的石壁上,汇集了唐、宋、元、明、清、民国、现代共300余幅石刻,可谓是诗、词、文、图、赋形式各异,行、草、隶、楷、篆五体俱全,真正是一条艺术的长廊。其中尤为珍贵的是一代改革家王安石和书法宋四家之一的黄庭坚的真迹。

香港地质公园

概况

香港地质公园位于香港特别行政区东北角,面积约50km²。公园以马鞍山为中心,主要分布在沙田区、西贡区、大浦区部分地区和部分离岛。马鞍山地区及邻近的赤门海峡对岸的船湾淡水湖一带是香港古生物化石的重要产地。在白石陆岬对出吐露港及赤门海峡一带,集中了十多个著名的自然地理景观,人们可以从中了解香港的地层情况、岩石及地质构造。马鞍山除享有"香港岩石矿物天然博物馆"之美誉外,更具有香港开埠以来唯一的一座工业矿山,即马鞍山铁矿场的遗址。

2011年9月,被联合国教科文组织批准为世界地质公园。

主要景点

公园划分为两个园区,分别为西贡园区和新界东北园区。每个园区分别设立4个景区,其中西贡火山岩园区的景区包括桥咀洲、粮船湾、果洲群岛及瓮缸群岛,4个景区分别展露香港在1.4亿年前最后一次火山爆发后而产生的火山岩、侵入岩和罕见的酸性的六角岩柱。这些六角岩柱一字排开,平均直径1.2m,高度超过100m,构成一幅独特天然的景象。新界东北园区的景区包括印洲塘、赤门、赤洲、东平洲4个景区。新界东北园区的特色为变化多端的地质地貌,以及极高的地质多样性。

桥咀洲

桥咀洲位于西贡市东南方的西贡海,岛上码头与西贡码头相隔仅约2 000m,桥咀洲是西贡海一个狭长岛屿,沿南北方向延伸,长约2 500m,东西宽约500m,最高点海拔136m。桥咀洲拥有天然海滨沙滩,最宜弄潮作乐,四周岛礁环绕,景致醉人,岛上绿意苍翠,环境青葱怡人,游人可取道风景小径畅游。桥咀洲与附近的桥头岛由一条天然沙堤连接,沙堤长约250m,两侧靠海处为中细颗粒的沙,夹杂贝壳碎屑,中央则由含砾粗沙组成。

粮船湾

粮船湾位于万宜水库一带,是热门的观石胜地,也是香港最奇特地质景观的所在之处。这里的火山岩整齐有致地矗立于水滨,巨大的石柱由不同的多角形节理组成,蔚为奇观,其中以六角形节理岩柱(图4-90)最为典型。它们的历史可追溯至地底岩浆和火山活动非常活跃的1.4亿年前,当时火山不时猛烈爆发,熔岩伴随炽热的火山灰流喷涌,覆盖地表,形成火山熔岩层。熔岩层在冷却成岩期间会出现非常规则的收缩现象,也就是今天所见的六角柱状节理。

图4-90　万宜水库附近S型六方柱状节理

图4-91　果洲群岛海蚀地貌

果洲群岛

果洲群岛（图4-91）的主岛包括北果洲、南果洲和东果洲。其中北果洲由细洲尾和壳仔排等组成；南果洲由大洲、大洲尾和山岭角等组成；东果洲则由短洲仔、薯茛洲和龙船排等组成。登上群岛后，宏伟壮观的虎口大洞映入眼帘。香港东面海岸名洞众多，但其实地质学上这种地貌应称为海蚀拱。西贡及清水湾半岛以东的岛屿多为火山岩地质，由于香港大部分时间吹东风，在缺乏天然屏障的情况下，岩石再坚硬、抗蚀力再高，也抵挡不了千万年的风浪洗礼，形成崎岖嶙峋的地势，令人望而生畏。能登上果洲参观的时间并不多，全年只有盛夏两三个月可以参观。

瓮缸群岛

瓮缸群岛景区由横洲、火石洲、沙塘口山及吊钟洲的金钟岩组成。这些岛屿由具柱状节理的火山岩构成。由于海岸长期受到猛烈的风浪冲击，在海岸作用下形成独特的外观，沿岸遍布悬崖峭壁及许多海蚀穴、海蚀拱。沙塘口山东南沿岸的陡崖是全港最高的海崖，高度达140m。火石洲高45m的杭挽角洞、横洲高30m的横洲角洞、沙塘口山高24m的沙塘口洞及吊钟洲的吊钟拱门，合称香港四大海蚀拱。

印洲塘

在约1.2万年前的上一次冰河时期结束之前，海平面上升使印洲塘一带原是山岭河谷的陆地被海水淹没，最后形成湾湾相连、众岛环抱的内海环境。印洲塘风景秀丽，景色如诗如画，有"小桂林"和"小西湖"之称。印洲塘位于印洲塘西岸的荔枝窝，拥有保存完整的典型客家围村，是了解客家文化和中国传统建筑的好地方。此外，印洲塘海岸公园拥有非常丰富的生态资源，包括红树林、海草床、泥滩以及珊瑚群落。

赤门

赤门景区包括赤门北岸一带、西南岸的马屎洲及南岸的荔枝庄。赤门北岸的大部分地方和黄竹角咀同样拥有香港最古老的岩石，这些沉积岩是在约4亿年前的泥盆纪形成。马屎洲展现了在约2.8亿年前形成的沉积岩，它们是园区内第二古老的岩石；至于荔枝庄则展示了在约1.46亿年前形成的多种火山岩和沉积岩；同时，两个地方都展现了独特的地质特色，包括断层、褶曲等。

赤洲—黄竹角咀

黄竹角咀拥有香港最古老的岩石，在约4亿年前由聚积在河口三角洲的沉积物所形成。这里的岩层原本呈水平状，后来因为受到挤压而变成近乎直立的形态，加上海浪的侵蚀，最后塑造出著名的地标——鬼手岩（图4-92）。赤洲2/3的面积是由红色的沉积岩构成，岩石以砾岩、砂岩和粉砂岩为主，是形成于约1亿年前的晚白垩纪；由于沉积物沉积时的气候炎热干燥，沉积物里的铁质发生氧化，所以使岩石变成赤红色。

图4-92 赤洲鬼手岩

东平洲

东平洲（图4-93）拥有香港最年轻的岩石，仅有5500万年历史。这里的沉积岩是由层层平叠的粉砂岩构成，形态非常独特，犹如千层糕，十分有趣。岛上的地质特色包括海蚀平台、海蚀崖、海蚀柱等。此外，东平洲海岸公园拥有健康、丰富及珍贵的沿岸生态系统，包括石珊瑚、珊瑚伴生鱼类、海洋无脊椎动物及海藻。这里著名的地貌景点有更楼石、难过水、龙落水及斩颈洲等。

图4-93 东平洲海蚀地貌

参 考 文 献

陈安泽,姜建军.中国国家地质公园发展现状与展望,中国旅游绿皮书(2002-2004)[M].社会科学文献出版社,2003.

陈安泽.中国国家地质公园建设的若干问题[J].资源产业,2003,5(1):58~64.

方世明,郭旭,郑斌,等.山西宁武冰洞国家地质公园典型地质遗迹资源及科学意义[J].地球学报,2010,31(4):60~610.

方世明,李江风,伍世良,等.香港大型酸性火山岩六方柱状节理构造景观及其地质成因意义[J].海洋科学,2011,35(5):89~94.

方世明,李江风,张丽琴.福建深沪湾地学旅游资源及其科学价值评价[J].海洋科学,2006.30(3).

方世明,李江风,赵来时.地质遗迹资源评价指标体系[J].地球科学——中国地质大学学报,2008,33(2):28~288.

方世明,李江风.地质公园建设——地质遗迹资源可持续利用的最佳模式.载:张锦高,成金华.资源环境学进展[M].武汉:湖北人民出版社,2004:217~223.

方世明,李江风.地质遗产保护与开发[M].武汉:中国地质大学出版社,2011.

方世明,李江风,等.福建深沪湾旅游资源评价及SWOT分析[J].资源开发与市场,2004,(1):61~63.

方世明,伍世良,李江风.香港典型地质遗迹资源与地质公园建设[J].中国人口资源与环境,2011,21(3):147~150.

方世明,叶昭和.云台山世界地质公园地理信息系统研究初探.载:王建平,叶昭和.中国云台山世界地质公园规划与建设[M].北京:中国大地出版社,2004:129~132.

方世明,郑斌,郭旭.中国地质公园建设现状与空间分布特征[J].华中师范大学学报(自然科学版),2011,(1)188~192.

龚一鸣,张克信.地层学基础与前沿[M].武汉:中国地质大学出版社,2007.

后立胜,许学工.国家地质公园及其旅游开发[M].地域研究与开发,2003,22(5):54~57.

姜建军,王文.有效保护、合理利用地质遗产[J].国土资源通讯,2001,(5):37~40.

李昌年.简明岩石学[M].武汉:中国地质大学出版社,2010.

李江风,方世明,刘建华.旅游信息系统概论[M].武汉:武汉大学出版社,2003.

李烈荣,姜建军,王文.中国地质遗迹资源及其管理[M].北京:中国大地出版社,2002.

李明路,姜建军.论中国的地质遗迹及其保护[J].中国地质,2000:(6).

柳丹,肖胜和,郑国全.旅游景观地学教程[M].上海:上海人民出版社,2010.

路凤香,桑隆康.岩石学[M].北京:地质出版社,2001.

吴必虎.区域旅游规划原理[M].北京:中国旅游出版社,2001.

辛建荣.旅游地学原理[M].武汉:中国地质大学出版社,2006.

徐恒力.环境地质学[M].北京:地质出版社,2009.

杨坤光,袁晏明.地质学基础[M].武汉:中国地质大学出版社,2009.

杨世瑜,吴志亮.旅游地质学[M].天津:南开大学出版社,2006.

喻学才.旅游资源学[M].北京:化学工业出版社,2008.

赵逊,赵汀.欧洲地质公园建设和意义[J].地球学报,2002,23(5):463~470.

赵逊,赵汀.中国地质公园地质背景浅析和世界地质公园建设[J].地质通报,2003,22(8):620~630.

Fang Shiming, Li Jiangfeng, Zhang Juan and Wang yanxin. Chinese Geological Relic Resources Evaluation Based on AHP Method[J]. Journal of China University of Geosciences, Vol.18 Special Issue, June,2007.

Fang Shiming, Guo Xu, Fu Shuchang, Zhao Xintao, Chen Tao. Chinese Geoparks' Construction and the Sustainable Utilization of Geological Heritage Resources[C]. ICIECS 2010.

Fang Shiming, Tang Jiayao.Information Technology and Geological Heritage management[C].The Ninth Wuhan International Conference on E-Business,2010,1964~1970.

Fang SM, Tian ML, Li JF, Zhang RS. The Exploitation and Utilization of Langkou Hot Spring Geothermal Resource in Huibei Province [C]. Proceeding of the 7th International Conference on Calibration and Reliability in Groundwater Modeling,2009,494~496.

Shiming Fang, Jiang fengLi, Juan Zhang, et al. The Theory and Method Research on the Geopark Information System Building[C]. Proceedings of IAMG'07 Geomathematics and Gisanalysis of Resources, Environment and Hazards.

附表

中国国家地质公园名录（截至2011年底）

省（市、区）	序号	国家地质公园名称	资源类型	批准批次
云南	1	云南石林岩溶峰林地质公园	地貌景观	第一批
	2	云南澄江动物群古生物地质公园	古生物	第一批
	3	云南腾冲火山地质公园	地貌景观	第二批
	4	云南禄丰恐龙地质公园	古生物	第三批
	5	云南玉龙黎明老君山地质公园	地貌景观	第三批
	6	云南大理苍山地质公园	地貌景观	第四批
	7	云南丽江玉龙雪山冰川地质公园	地貌景观	第五批
	8	云南九乡峡谷洞穴地质公园	地貌景观	第五批
	9	云南罗平生物群地质公园	古生物	第六批
	10	云南泸西阿庐地质公园	地貌景观	第六批
四川	1	四川龙门山构造地质地质公园	地貌景观	第一批
	2	四川自贡恐龙古生物地质公园	古生物	第一批
	3	四川海螺沟地质公园	地貌景观	第二批
	4	四川大渡河峡谷地质公园	地貌景观	第二批
	5	四川安县生物礁－岩溶地质公园	古生物	第二批
	6	四川黄龙地质公园	地貌景观	第三批
	7	四川兴文石海地质公园	地貌景观	第三批
	8	四川九寨沟地质公园	地貌景观	第三批
	9	四川江油地质公园	地貌景观	第四批
	10	四川四姑娘山地质公园	地貌景观	第四批
	11	四川射洪硅化木地质公园	古生物	第四批
	12	四川华蓥山地质公园	地质剖面	第四批
	13	四川大巴山地质公园	地貌景观	第五批
	14	四川光雾山－诺水河地质公园	地貌景观	第五批
	15	四川青川地震遗迹地质公园	环境地质遗迹	第六批
	16	四川绵竹清平－汉旺地质公园	环境地质遗迹	第六批
陕西	1	陕西翠华山山崩地质灾害地质公园	环境地质遗迹	第一批
	2	陕西洛川黄土地质公园	地貌景观	第二批
	3	黄河壶口瀑布地质公园	水体景观	第二批

续表

省(市、区)	序号	国家地质公园名称	资源类型	批准批次
陕西	4	陕西延川黄河蛇曲地质公园	地貌景观	第四批
	5	陕西商南金丝峡地质公园	地貌景观	第五批
	6	陕西岚皋南宫山地质公园	地貌景观	第五批
	7	陕西柞水溶洞地质公园	地貌景观	第六批
	8	陕西耀州照金丹霞地质公园	地貌景观	第六批
黑龙江	1	黑龙江五大连池火山地貌地质公园	地貌景观	第一批
	2	黑龙江嘉荫恐龙地质公园	古生物	第二批
	3	黑龙江伊春花岗岩石林地质公园	地貌景观	第三批
	4	黑龙江兴凯湖地质公园	水体景观	第四批
	5	黑龙江镜泊湖地质公园	水体景观	第四批
	6	黑龙江伊春小兴安岭地质公园	地貌景观	第五批
	7	黑龙江凤凰山地质公园	地貌景观	第六批
江西	1	江西龙虎山丹霞地貌地质公园	地貌景观	第一批
	2	江西庐山第四纪冰川地质公园	地貌景观	第一批
	3	江西武功山地质公园	地貌景观	第四批
	4	江西三清山地质公园	地质构造/地貌景观	第四批
河南	1	河南嵩山地层构造地质公园	地质(体、层)剖面	第一批
	2	河南内乡宝天幔地质公园	地貌景观	第二批
	3	河南焦作云台山地质公园	地貌景观/水体景观	第二批
	4	河南王屋山地质公园	地貌景观	第三批
	5	河南西峡伏牛山地质公园	古生物	第三批
	6	河南嵖岈山地质公园	地貌景观	第三批
	7	河南信阳金岗台地质公园	地貌景观	第四批
	8	河南关山地质公园	地貌景观	第四批
	9	河南郑州黄河地质公园	地貌景观	第四批
	10	河南洛阳黛眉山地质公园	地貌景观	第四批
	11	河南洛宁神灵寨地质公园	地貌景观	第四批
	12	河南小秦岭地质公园	矿物与矿床	第五批

续表

省(市、区)	序号	国家地质公园名称	资源类型	批准批次
河南	13	河南红旗渠－林虑山地质公园	地貌景观	第五批
	14	河南汝阳恐龙地质公园	古生物	第六批
	15	河南尧山地质公园	地貌景观	第六批
湖南	1	湖南张家界砂岩峰林地质公园	地貌景观	第一批
	2	湖南崀山地质公园	地貌景观	第二批
	3	湖南郴州飞天山地质公园	地貌景观	第二批
	4	湖南酒埠江地质公园	地貌景观	第四批
	5	湖南凤凰地质公园	地貌景观	第四批
	6	湖南古丈红石林地质公园	地貌景观	第四批
	7	湖南乌龙山地质公园	地貌景观	第五批
	8	湖南湄江地质公园	地貌景观	第五批
	9	湖南平江石牛寨地质公园	地貌景观	第六批
	10	湖南浏阳大围山地质公园	地貌景观	第六批
甘肃	1	甘肃敦煌雅丹地质公园	地貌景观	第二批
	2	甘肃刘家峡恐龙地质公园	古生物	第二批
	3	甘肃平凉崆峒山地质公园	地貌景观	第三批
	4	甘肃景泰黄河石林地质公园	地貌景观	第三批
	5	甘肃和政古生物化石地质公园	古生物	第五批
	6	甘肃天水麦积山地质公园	地貌景观	第五批
	7	甘肃张掖丹霞地质公园	地貌景观	第六批
	8	甘肃炳灵丹霞地貌地质公园	地貌景观	第六批
内蒙古	1	内蒙古赤峰市克什克腾地质公园	地貌景观	第二批
	2	内蒙古阿尔山地质公园	地貌景观/水体景观	第三批
	3	内蒙古阿拉善沙漠地质公园	地貌景观	第四批
	4	内蒙古二连浩特地质公园	古生物	第五批
	5	内蒙古宁城地质公园	古生物	第五批
	6	内蒙古鄂尔多斯地质公园	地貌景观	第六批
	7	内蒙古巴彦淖尔地质公园	地貌景观	第六批

续表

省(市、区)	序号	国家地质公园名称	资源类型	批准批次
山东	1	山东枣庄熊耳山地质公园	地貌景观	第二批
	2	山东山旺地质公园	古生物	第二批
	3	山东东营黄河三角洲地质公园	地貌景观	第三批
	4	山东长山列岛地质公园	地貌景观	第四批
	5	山东泰山地质公园	地质构造	第四批
	6	山东沂蒙山地质公园	地质(体、层)剖面	第四批
	7	山东诸城恐龙地质公园	古生物	第五批
	8	山东青州地质公园	地貌景观	第五批
	9	山东莱阳白垩纪地质公园	古生物	第六批
	10	山东沂源鲁山地质公园	地貌景观	第六批
福建	1	福建漳州滨海火山地貌地质公园	地貌景观	第一批
	2	福建大金湖地质公园	地貌景观	第二批
	3	福建宁化天鹅洞群地质公园	地貌景观	第三批
	4	福建晋江深沪湾地质公园	地貌景观	第三批
	5	福建福鼎太姥山地质公园	地貌景观	第三批
	6	福建屏南白水洋地质公园	地貌景观	第四批
	7	福建永安地质公园	地貌景观	第四批
	8	福建德化石牛山地质公园	地貌景观	第四批
	9	福建连城冠豸山地质公园	地貌景观	第五批
	10	福建白云山地质公园	地貌景观	第五批
	11	福建平和灵通山地质公园	地貌景观	第六批
	12	福建政和佛子山地质公园	地貌景观	第六批
天津	1	天津蓟县地质公园	地质剖面	第二批
广西	1	广西资源地质公园	地貌景观	第二批
	2	广西百色乐业大石围天坑群地质公园	地貌景观	第三批
	3	广西北海涠洲岛火山地质公园	环境地质遗迹大类	第三批
	4	广西鹿寨香桥岩溶地质公园	地貌景观	第四批

续表

省(市、区)	序号	国家地质公园名称	资源类型	批准批次
广西	5	广西凤山岩溶地质公园	地貌景观	第四批
	6	广西大化七百弄地质公园	地貌景观	第五批
	7	广西桂平地质公园	地貌景观	第五批
	8	广西宜州水上石林地质公园	地貌景观	第六批
	9	广西浦北五皇山地质公园	地貌景观	第六批
安徽	1	安徽淮南八公山地质公园	地质剖面/古生物	第二批
	2	安徽齐云山地质公园	地貌景观	第二批
	3	安徽浮山地质公园	地貌景观	第二批
	4	安徽黄山地质公园	地貌景观	第二批
	5	安徽祁门牯牛降地质公园	地貌景观	第三批
	6	安徽天柱山地质公园	地质剖面/地貌景观	第四批
	7	安徽大别山(六安)地质公园	地貌景观	第四批
	8	安徽池州九华山地质公园	地貌景观	第五批
	9	安徽凤阳韭山地质公园	地貌景观	第五批
	10	安徽广德太极洞地质公园	地貌景观	第六批
	11	安徽丫山地质公园	地貌景观	第六批
北京	1	北京延庆硅化木地质公园	古生物	第二批
	2	北京石花洞地质公园	地貌景观/古生物	第二批
	3	北京十渡地质公园	地貌景观	第三批
	4	北京密云云蒙山地质公园	地貌景观	第五批
	5	北京平谷黄松峪地质公园	地貌景观	第五批
河北	1	河北阜平天生桥地质公园	地质剖面	第二批
	2	河北秦皇岛柳江国地质公园	地质剖面	第二批
	3	河北涞源白石山地质公园	地貌景观	第二批
	4	河北涞水野三坡地质公园	地貌景观	第三批
	5	河北赞皇嶂石岩地质公园	地貌景观	第三批
	6	河北武安地质公园	地貌景观	第四批

续表

省（市、区）	序号	国家地质公园名称	资源类型	批准批次
河北	7	河北临城地质公园	地貌景观	第四批
	8	河北兴隆地质公园	地貌景观	第五批
	9	河北迁安—迁西地质公园	地质剖面	第五批
	10	河北承德丹霞地貌地质公园	地貌景观	第六批
	11	河北邢台峡谷群地质公园	地貌景观	第六批
广东	1	广东丹霞山地质公园	地貌景观	第二批
	2	广东湛江湖光岩地质公园	地貌景观/水体景观	第二批
	3	广东佛山西樵山地质公园	地貌景观	第三批
	4	广东阳春凌霄岩地质公园	地貌景观	第三批
	5	广东恩平地热地质公园	水体景观	第四批
	6	广东封开地质公园	地貌景观	第四批
	7	广东深圳大鹏半岛地质公园	地貌景观	第四批
	8	广东阳山地质公园	地貌景观	第五批
西藏	1	西藏易贡地质公园	地貌景观/水体景观	第二批
	2	西藏札达土林地质公园	地貌景观	第四批
	3	西藏羊八井地质公园	水体景观	第五批
浙江	1	浙江临海地质公园	地貌景观	第二批
	2	浙江常山地质公园	地貌景观	第二批
	3	浙江新昌硅化木地质公园	古生物	第三批
	4	浙江雁荡山地质公园	地貌景观	第三批
辽宁	1	辽宁朝阳鸟化石地质公园	古生物/地貌景观	第三批
	2	大连滨海地质公园	地貌景观	第四批
	3	大连冰峪沟地质公园	地貌景观	第四批
	4	辽宁本溪地质公园	地貌景观	第四批
重庆	1	重庆武隆岩溶地质公园	地貌景观	第三批
	2	长江三峡地质公园	地貌景观	第三批
	3	重庆黔江小南海地质公园	环境地质遗迹/地貌景观	第三批

续表

省(市、区)	序号	国家地质公园名称	资源类型	批准批次
重庆	4	重庆云阳龙缸地质公园	地貌景观	第四批
	5	重庆万盛地质公园	地貌景观	第五批
	6	重庆綦江木化石—恐龙地质公园	古生物	第五批
	7	重庆酉阳地质公园	地貌景观	第六批
贵州	1	贵州关岭化石群地质公园	古生物	第三批
	2	贵州兴义地质公园	古生物/地貌景观	第三批
	3	贵州绥阳双河洞地质公园	地貌景观	第三批
	4	贵州织金洞地质公园	地貌景观	第三批
	5	贵州平塘地质公园	地貌景观	第四批
	6	贵州六盘水乌蒙山地质公园	地貌景观	第四批
	7	贵州黔东南苗岭地质公园	古生物	第五批
	8	贵州思南乌江喀斯特地质公园	地貌景观	第五批
	9	贵州赤水丹霞地质公园	地貌景观	第六批
吉林	1	吉林靖宇火山矿泉群地质公园	地貌/水体景观	第三批
	2	吉林长白山火山地质公园	地貌景观	第五批
	3	吉林乾安泥林地质公园	地貌景观	第五批
	4	吉林抚松地质公园	地貌景观	第六批
宁夏	1	宁夏西吉火石寨地质公园	地貌景观	第三批
	2	宁夏灵武国家地质公园	古生物	第五批
江苏	1	江苏苏州太湖西山地质公园	地貌/水体景观	第三批
	2	江苏六合地质公园	地貌景观	第四批
	3	江苏江宁汤山方山地质公园	地貌/古生物	第五批
海南	1	海南海口石山火山群地质公园	地貌景观	第三批
上海	1	上海崇明岛地质公园	地貌景观	第四批
新疆	1	新疆布尔津喀纳斯湖地质公园	地貌景观	第三批
	2	新疆奇台硅化木恐龙地质公园	古生物	第三批
	3	新疆富蕴可可托海地质公园	地貌景观/环境地质遗迹	第四批

续表

省(市、区)	序号	国家地质公园名称	资源类型	批准批次
新疆	4	新疆天山天池地质公园	地貌景观	第五批
	5	新疆库车大峡谷地质公园	地貌景观	第五批
	6	新疆吐鲁番火焰山地质公园	地貌景观	第六批
	7	新疆温宿盐丘地质公园	地貌景观	第六批
青海	1	青海尖扎坎布拉地质公园	地貌景观	第三批
	2	青海互助嘉定地质公园	地貌景观	第四批
	3	青海久治年宝玉则地质公园	地貌景观	第四批
	4	青海格尔木昆仑山地质公园	地貌/环境地质遗迹	第四批
	5	青海贵德地质公园	地貌景观	第五批
	6	青海省青海湖地质公园	水体景观	第六批
	7	青海玛沁阿尼玛卿山地质公园	地貌景观	第六批
湖北	1	长江三峡地质公园	地貌景观	第三批
	2	湖北武汉木兰山地质公园	地貌景观	第四批
	3	湖北神农架地质公园	地貌景观	第四批
	4	湖北郧县恐龙蛋化石群地质公园	古生物	第四批
	5	湖北武当山地质公园	地貌景观	第五批
	6	湖北大别山(黄冈)地质公园	地貌景观	第五批
	7	湖北五峰地质公园	地貌景观	第六批
	8	湖北咸宁九宫山－温泉地质公园	地貌景观/水体景观	第六批
山西	1	山西宁武冰洞地质公园	地貌景观	第四批
	2	山西五台山地质公园	地貌/地质剖面	第四批
	3	山西壶关峡谷地质公园	地貌景观	第四批
	4	山西陵川王莽岭地质公园	地貌景观	第五批
	5	山西大同火山群地质公园	地貌景观	第五批
	6	山西平顺天脊山地质公园	地貌景观	第六批
	7	山西永和黄河蛇曲地质公园	水体景观	第六批
香港	1	香港地质公园	地貌景观	单列